# PEQUENO MANUAL DE INSTALAÇÕES ELÉTRICAS EM ATMOSFERAS POTENCIALMENTE EXPLOSIVAS

Blucher

Dácio de Miranda Jordão

# PEQUENO MANUAL DE INSTALAÇÕES ELÉTRICAS EM ATMOSFERAS POTENCIALMENTE EXPLOSIVAS

2ª edição

*Pequeno manual de instalações elétricas em atmosferas potencialmente explosivas*



2ª edição – 2018

Editora Edgard Blücher Ltda.

**Blucher**

Rua Pedroso Alvarenga, 1245, 4º andar
04531-934 – São Paulo – SP – Brasil
Tel.: 55 11 3078-5366
**contato@blucher.com.br**
**www.blucher.com.br**

Segundo o Novo Acordo Ortográfico, conforme 5. ed. do *Vocabulário Ortográfico da Língua Portuguesa*, Academia Brasileira de Letras, março de 2009.



DADOS INTERNACIONAIS DE CATALOGAÇÃO NA PUBLICAÇÃO (CI
ANGÉLICA ILACQUA CRB-8/7057

Jordão, Dácio de Miranda

Pequeno manual de instalações elétrica em atmosferas potencialmente explosivas Dácio de Miranda Jordão. – 2. ed. – São Paulo : Blucher, 2018.

168 p. : il.

Bibliografia
ISBN 978-85-212-1295-9

1. Instalações elétricas - Requisitos de segurança 2. Substâncias perigosas – Medidas de segurança 3. Explosivos Regulamentos de segurança I. Título

18-0250 CDD 621.319

Índice para catálogo sistemático:
1. Instalações hidráulicas e sanitária

Este *Pequeno manual de instalações elétricas em atmosferas potencialmente explosivas* é um resumo da matéria e foi elaborado para ser utilizado como consulta rápida e de fácil acesso, contendo informações básicas e úteis no dia a dia do trabalho em áreas classificadas.

Para maior profundidade dos tópicos descritos neste pequeno manual, deve ser consultado o livro *Manual de instalações elétricas em indústrias químicas, petroquímicas e de petróleo.*

*O autor*

## "MULHER SOFREU QUEIMADURAS, MAS CONTINUA VIVA; EXPLOSÃO FOI CAUSADA PELO CONTATO DOS GASES COM O LASER DO MÉDICO, QUE ESTAVA NO CÓLON DA PACIENTE"

"Soltar gases durante o sono é algo comum. Afinal, mesmo que o corpo esteja inconsciente, o trabalho intestinal continua. Imagine, então, o que aconteceria com uma pessoa que tivesse vontade de soltar gases durante uma cirurgia. Isso foi exatamente o que causou uma explosão em Tóquio. As informações são do The Huffington Post.

Segundo a publicação, uma paciente estava passando por uma cirurgia na região da nuca quando acabou soltando gases. Como o médico estava com um laser no cólon da paciente, o contato do gás com o laser gerou uma combustão."

(*iG*, 01/11/2016. Disponível em: <http://ultimosegundo.ig.com.br/mundo/mundo-insolito/2016-11-01/gases.html>. Acesso em: 22 fev. 2018)

## “PACIENTE LIBERA GÁS DURANTE CIRURGIA E INCENDEIA O BISTURI DO MÉDICO”

“Um dinamarquês sofreu graves queimaduras nas nádegas e nos órgãos genitais durante uma microcirurgia para retirada de uma verruga. Ele teve um ataque de flatulência quando estava na mesa cirúrgica. Os gases que escaparam de seu intestino pegaram fogo ao entrar em contato com uma fagulha no bisturi elétrico utilizado pelo médico – os gases do organismo humano são ricos em metano, material altamente inflamável. “Foi o imponderável. Não tenho culpa”, diz o microcirurgião Jorn Krinstensen, que está sendo processado pelo paciente.”

(*Isto É*, 24/04/2002, n. 1699)

# CONTEÚDO

*A grandeza não consiste em receber honras, mas em merecê-las.*

Aristóteles

*Eu elogio em voz alta e censuro em voz baixa.*

Catarina da Rússia

*Todos temos coragem bastante para suportar a desgraça dos outros.*

La Rochefoucauld

*A imaginação é mais importante que o conhecimento.*

Albert Einstein

# 1

# INTRODUÇÃO

A presença de produtos inflamáveis na indústria de processo (química, petroquímica e de petróleo) é inerente à sua atividade. Como consequência, a instalação elétrica e eletrônica nesses locais necessita ter tratamento especial, uma vez que os níveis de energia presentes em suas partes e equipamentos superam em muito, na grande maioria dos casos, aqueles mínimos necessários para iniciar um incêndio ou uma explosão.

A primeira ação é *avaliar o grau de risco* encontrado no local. Significa que se tivermos um mapa do ambiente industrial com os produtos inflamáveis devidamente identificados e que mostre qual é a probabilidade de presença de mistura explosiva nesse ambiente e, além disso, nos mostre em que extensão essa mistura explosiva poderá acontecer, isto nos auxiliará na seleção e aplicação dos equipamentos elétricos.

Esse é o primeiro passo, ou seja, vamos determinar:

1. Tipo de substância ou substâncias que podem estar presentes no local;

2. A probabilidade com que essas substâncias podem acontecer naquele ambiente de modo a formar uma mistura inflamável;
3. Volume de risco, ou seja: a extensão da área onde essa mistura poderá ser encontrada.

Isto é o que chamamos de: **classificação de áreas**.

Depois de feita essa classificação de áreas, pode-se passar para a fase seguinte que é referente ao equipamento elétrico, ou seja:

Que cuidados especiais devem ter os equipamentos elétricos e seus acessórios para que possam operar num ambiente de área classificada sem que se constituam numa fonte de ignição?

Observe que o objetivo de tudo isso é evitar sempre que haja um encontro fatídico entre uma mistura inflamável e a energia elétrica presente nos equipamentos elétricos ou eletrônicos e seus acessórios. Nesse caso, deve-se levar em conta que os equipamentos elétricos que operam em ambientes com possibilidade de presença de material inflamável são equipamentos especiais, que devem ter incorporados os *requisitos construtivos* especiais que os tornam adequados à operação em atmosferas potencialmente explosivas.

Pergunta-se:

Onde encontramos escritos esses requisitos construtivos especiais?

Estão especificados nas *normas técnicas* respectivas.

Mas que garantia o usuário tem de que esses requisitos construtivos especiais, previstos pelas normas técnicas foram incorporados ao equipamento durante a sua construção?

A garantia de que o equipamento foi construído de acordo com essas normas técnicas é dada pelo processo de *certificação*, que no caso específico de equipamentos elétricos e eletrônicos para atmosferas potencialmente explosivas é de caráter compulsório no Brasil.

As normas técnicas sobre esse assunto definem várias alternativas construtivas para esses equipamentos elétricos, alternativas essas que são chamadas de "*tipos de proteção*".

Após definida a classificação de áreas, e após escolhidos os tipos de proteção que serão aplicados naqueles ambientes, deve-se levar em conta que a *montagem desses equipamentos* requer também a aplicação de requisitos especiais, que se não forem cumpridos, poderão invalidar toda a busca pelo alto nível de segurança. Do mesmo modo, após a entrada em operação da unidade industrial, quando os equipamentos sofrerão *manutenção*, e serão operados, estes poderão sofrer alterações que podem também invalidar o seu tipo de proteção tornando a instalação insegura. Por isso, deve-se acrescentar às etapas mencionadas, os cuidados com a montagem, manutenção e operação.

Se todas essas fases forem cumpridas, podemos dizer então que conseguimos atingir um alto nível de segurança na instalação elétrica, ou seja, teremos uma *Instalação OK.*

Levando em conta que durante a vida útil da unidade, a instalação elétrica como um todo, poderá estar sujeita a diversos tipos de agressão, como por exemplo: ataque químico, intempérie, envelhecimento dos materiais etc., torna-se necessário verificar periodicamente o estado desses dispositivos e componentes, para que o nível de segurança não seja afetado. Portanto, a garantia de que essa instalação permanecerá OK durante a vida útil da unidade pode ser obtida a partir do resultado da aplicação periódica de uma **inspeção.**

Resumidamente, podemos representar esses passos na Figura 1.1.

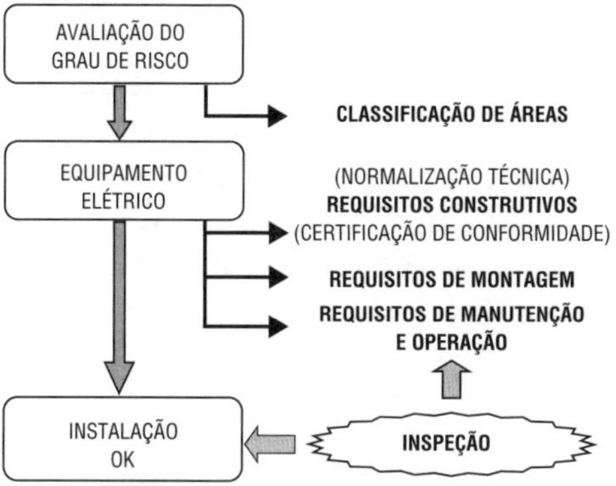


**FIGURA 1.1** A instalação elétrica em atmosferas potencialmente explosivas

Estes são então os passos a serem considerados durante o projeto, operação e manutenção de uma instalação elétrica em ambientes com possibilidade de presença de material inflamável, típico das indústrias químicas, petroquímicas e de petróleo.

## CLASSIFICAÇÃO DE ÁREAS

No Brasil, por força da nossa legislação somos obrigados a utilizar a norma brasileira que está harmonizada com a norma internacional.

Como ainda hoje é possível encontrar documentos e equipamentos com terminologia americana, vamos abordar aqui as duas filosofias de classificação de áreas: a americana e a norma brasileira/internacional.

Antes de tratar dos procedimentos de classificação de áreas, uma introdução se faz necessária para o entendimento do que seja CONMETRO e INMETRO, bem como sobre os diversos níveis de abrangência da normalização.

**FIGURA 1.2** Sinmetro – Sistema Nacional de Metrologia, Normalização e Qualidade Industrial – Lei n. 5.966, de 11.12.1973

O CONMETRO é o Conselho Nacional de Metrologia, Normalização e Qualidade Industrial, e tem como principal atribuição estabelecer para o Brasil, políticas e diretrizes nas áreas de Metrologia, normalização e qualidade industrial.

O INMETRO – Instituto Nacional de Metrologia, Qualidade Industrial e Tecnologia, é o órgão executivo do CONMETRO, e tem como principal atribuição a execução e fiscalização da política ditada pelo CONMETRO.

## NÍVEIS DE ABRANGÊNCIA DA NORMALIZAÇÃO TÉCNICA

Pode-se dizer que as normas técnicas têm um nível de abrangência diferenciado em função da sua área de impacto. Assim, podemos representar na forma de uma pirâmide os níveis de abrangência (Figura 1.3).

1. Norma da empresa: válida somente dentro dos limites da empresa;
2. Norma nacional: válida em todo o território nacional. Norma emitida pela ABNT;
3. Norma estrangeira: qualquer norma nacional, porém de outro país;
4. Norma regional: norma técnica feita para atender a um determinado grupo de países, como Mercosul ou comunidade europeia;
5. Norma internacional: norma emitida por órgão de normalização internacional, reconhecido para esse fim, como IEC, ISO etc.

**FIGURA 1.3** Níveis de abrangência da normalização técnica

## PROPRIEDADES DAS SUBSTÂNCIAS INFLAMÁVEIS QUE AFETAM DIRETAMENTE A CLASSIFICAÇÃO DE ÁREAS

### Limites de inflamabilidade

Em função da concentração da mistura inflamável em relação ao oxigênio do ar, as substâncias inflamáveis possuem uma faixa de inflamabilidade própria, na qual se houver uma fonte de ignição haverá também uma autopropagação sustentada, podendo resultar em incêndio ou explosão.

É o que se entende por:

- *Mistura pobre* – pouco produto inflamável e muito oxigênio. Concentração abaixo do Limite Inferior de Inflamabilidade;
- *Mistura rica* – muito produto inflamável e pouco oxigênio. Concentração acima do Limite Superior de Inflamabilidade;
- *Mistura ideal* – relação volumétrica oxigênio/produto inflamável dentro da faixa de inflamabilidade, formando o que se chama de **mistura inflamável**.

## Ponto de fulgor (*flash point*)

Por definição, é a menor temperatura na qual um líquido libera vapor em quantidade suficiente para formar uma mistura inflamável. Exemplos:

- *Gasolina*: ponto de fulgor – 42°C (quarenta e dois graus abaixo de zero);
- *Álcool*: ponto de fulgor + 20°C (vinte graus acima de zero).

Para efeito de classificação de áreas, líquidos com ponto de fulgor acima de 60°C em princípio não classificam a área.

## Densidade

Propriedade que indica se o gás ou vapor inflamável ao ser liberado para o meio externo dirige-se para baixo ou para cima. Toma-se a densidade do ar como referência, fazendo-a igual a um e comparando as demais substâncias com a do ar. Se for maior do que um, o gás ocupa as partes inferiores e se for menor do que um, ele tende a se encaminhar para as partes superiores, classificando-se em mais pesado ou mais leve que o ar, respectivamente.

Essa propriedade será responsável pela forma do volume de risco atribuído à substância inflamável quando da classificação de áreas.

Exemplos de produtos mais leves que o ar:

- Hidrogênio, com densidade de 0,07 em relação ao ar;
- Gás natural, com densidade média de 0,55 em relação ao ar.

Exemplos de produtos mais pesados que o ar:

- A maioria dos produtos inflamáveis é do tipo mais pesado que o ar. Exemplos: gasolina, nafta, butano, propano, hexano, GLP etc. Particularmente os produtos GLP, butano, propano etc., são mais perigosos, pois estão geralmente na forma líquida sob pressão e quando liberados para o meio externo tendem a formar uma grande quantidade de vapor. Quando derramado na forma líquida, 45% do volume derramado se transforma instantaneamente em vapor, e pelo fato de serem muito pesados, com densidade que varia de 1,5 até 3 vezes a do ar, geram nuvens de vapor de grandes extensões, e se situando próximo do solo. Para esses casos a classificação de áreas deve ser conservativa. São chamados de *LAV* (*Líquidos Altamente Voláteis*).

### Temperatura de ignição

Essa propriedade é responsável por um parâmetro de marcação obrigatório no equipamento elétrico para área classificada e se refere às temperaturas máximas que podem atingir os equipamentos elétricos quando em operação. É a marcação da **classe de temperatura**.

Os equipamentos elétricos devem operar em áreas classificadas com temperaturas de superfície inferiores às temperaturas de ignição dos gases e vapores esperados ocorrer no ambiente industrial.

## CRITÉRIOS DE CLASSIFICAÇÃO DE ÁREAS – VISÃO AMERICANA

Na filosofia americana os ambientes são denominados de:

## Classe I – gases e vapores inflamáveis

A Classe I é subdividida em grupos, conforme segue:

| Grupo | Substâncias |
|---|---|
| A | Acetileno |
| B | Butadieno, óxido de eteno, hidrogênio, gases manufaturados com risco equivalente ao hidrogênio |
| C | Ciclopropano, éter etílico, eteno, sulfeto de hidrogênio etc. |
| D | Acetona, álcool, amônia, benzeno, benzol, butano, gasolina, hexano, metano, nafta, gás natural, propano, butano, GLP, vapores de vernizes etc. |

## Classe II – pós-combustíveis

A Classe II é subdividida em grupos, conforme segue:

| Grupo | Substâncias |
|---|---|
| E | Pós metálicos combustíveis como alumínio, magnésio e suas ligas, ou outros pós que apresentem risco similar |
| F | Pós carbonáceos combustíveis, tendo mais do que 8% no total de materiais voláteis ou similares, como carvão, grafite, pó de coque etc. |
| G | Pós combustíveis não enquadrados nos grupos E e F, incluindo: pós de cereais, de grãos, de plásticos, de madeira, de processos químicos. Exemplos: açúcar, ovo em pó, farinha de trigo, goma arábica, celulose, vitamina B1, vitamina C, aspirina, algumas resinas termoplásticas etc. |

## Classe III – fibras combustíveis

Fibras combustíveis ou material flutuante de fácil ignição, mas que não são prováveis de estar no ar em suspensão em quantidades suficientes para formar mistura inflamável. Exemplos: rayon, algodão, sisal, juta, fibras de madeira ou outras de risco similar.

## Conceito de divisão

O conceito de divisão está associado à probabilidade de presença de mistura inflamável no ambiente. São definidos dois níveis de probabilidade:

- *Alta probabilidade* – **divisão 1**;
- *Baixa probabilidade* – **divisão 2**.

*Divisão 1*

A mistura inflamável ocorre:

- em condições normais de operação do equipamento de processo;
- frequentemente, devido a vazamentos provocados por reparos de manutenção frequentes;
- quando o defeito de um equipamento de processo, ou operação incorreta do mesmo provoca

simultaneamente o aparecimento de mistura inflamável e uma fonte de ignição de origem elétrica.

*Divisão 2*

A mistura inflamável ocorre:

- somente em caso de quebra acidental ou operação anormal do equipamento de processo;
- áreas adjacentes à Divisão 1;
- locais onde exista um sistema de ventilação forçada.

As informações sobre Classe e Grupo referem-se à substância inflamável. Para efeito de classificação de áreas, isto não é suficiente. É necessário que seja determinado o volume de risco, ou seja: como aquela(s) substância(s) afeta o ambiente. A filosofia adotada pela normalização americana foi de estabelecer volumes de risco padronizados, em função dos parâmetros de processo (pressão, vazão e volume) bem como das características das atividades em questão.

Daí surgiu o conceito de *Fonte de Risco de Magnitude Relativa*, sendo subdividida em **baixa**, **média** e **moderada**, todas com referência à: pressão, vazão e volume.

| Parâmetros do equipamento de processo | Unidade | Pequena/baixa | Média/moderada | Grande/alta |
|---|---|---|---|---|
| Volume | $m^3$<br>gal | < 19<br>< 5.000 | 19 a 94<br>5.000 a 25.000 | > 94<br>> 25.000 |
| Pressão | $Kgf/cm^2$<br>kPa<br>psi | < 7<br>< 686,47<br>< 100 | 7 a 35<br>686,47 a 3.432,33<br>100 a 500 | > 35<br>> 3.432,33<br>> 500 |
| Vazão | $m^3/s$<br>$m^3/h$<br>gpm | $< 6,5 \times 10^{-3}$<br>< 23,4<br>< 100 | $6,5 \times 10^{-3}$ a $32,5 \times 10^{-3}$<br>23,4 a 117<br>100 a 500 | $> 32,5 \times 10^{-3}$<br>> 117<br>> 500 |

Levando em conta o conceito de Fonte de Risco de Magnitude Relativa e considerando outros fatores externos que influenciam no volume de risco, tais como velocidade de vento, temperaturas ambiente, tipo de atividade, tipo de processo, características próprias da indústria de processo, foram então definidos volumes de risco mostrados nos documentos API RP 500, API RP 505 e NFPA 497.

É possível observar um equívoco muito comum em prestadores de serviço de classificação de áreas, que é o de utilizar as figuras desses documentos sem fazer uma análise mais criteriosa sobre outros fatores que podem ser atenuantes ou agravantes da classificação de áreas, como propriedades físico-químicas das substâncias inflamáveis e outros. O método "copiar e colar" pode ser desastroso para o resultado da classificação de áreas, onerando excessivamente a indústria de processo por impor volumes de risco exagerados, ou, por outro lado, afetando o nível de segurança. Todos os documentos estadunidenses mencionam que a classificação de áreas deve ser desenvolvida sem esquecer que o "Sound engineering judgment is required to properly determine the extent of classified locations", o que poderia ser entendido como [A avaliação da engenharia acústica é necessária para determinar adequadamente a extensão de cada área].

A seguir são mostrados alguns desses volumes de risco para o segmento refinarias de petróleo, transporte e armazenamento e produção perfuração, bem como para indústrias químicas:

## REFINARIAS DE PETRÓLEO

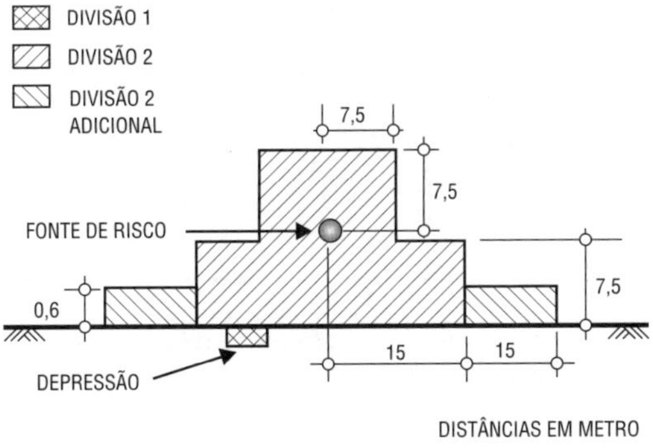


**FIGURA 1.4** Fonte de risco de gás ou vapor mais pesado que o ar em ambiente bem ventilado

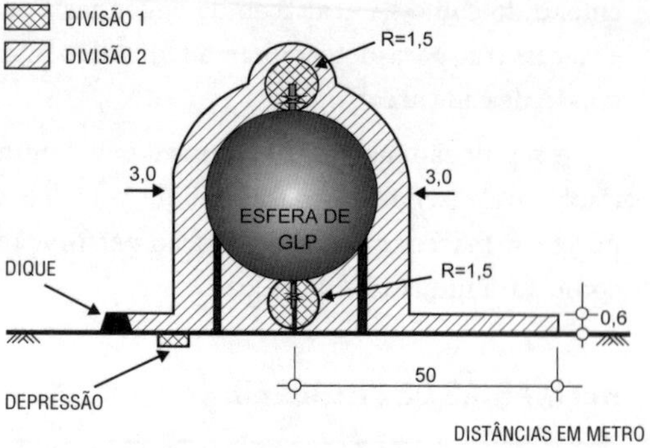


**FIGURA 1.5** Esfera de GLP

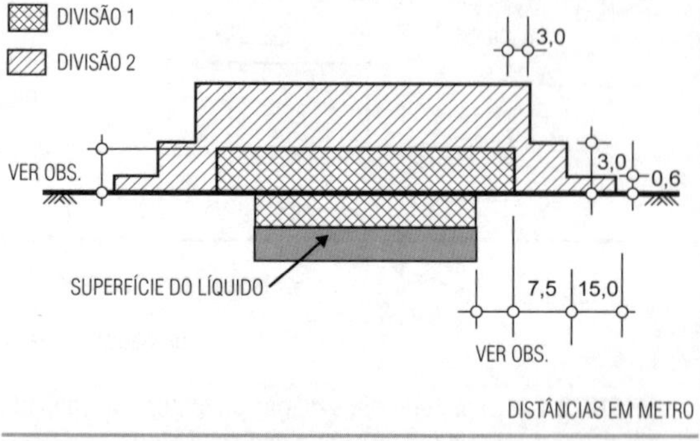


**FIGURA 1.6** Separador de água e óleo. Observação: distância variável de 3,0 a 7,5m em função da quantidade de material inflamável que possa ocorrer

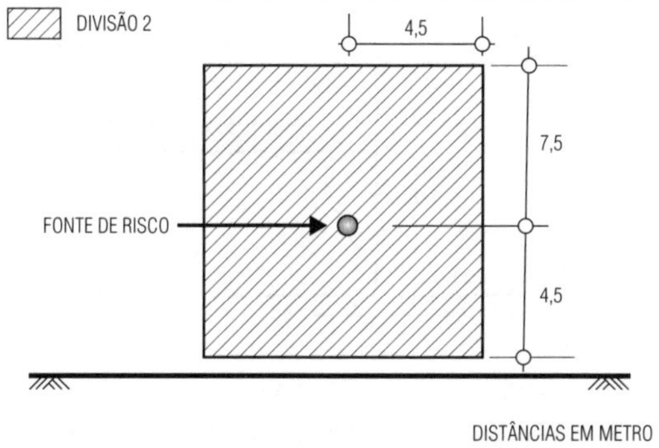


**FIGURA 1.7** Gases mais leves que o ar, em ambiente bem ventilado

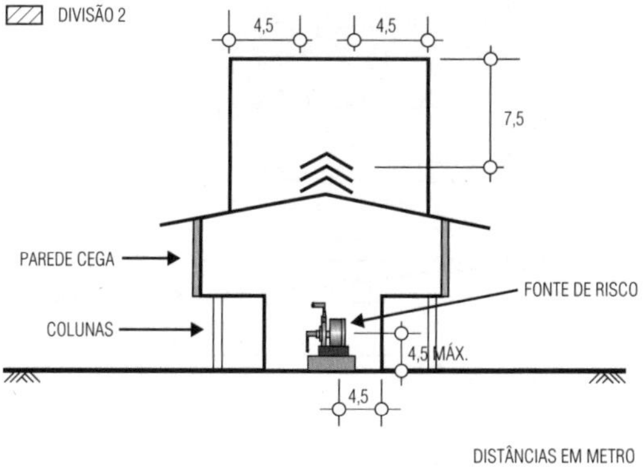


**FIGURA 1.8** Casa de compressor – gás mais leve que o ar

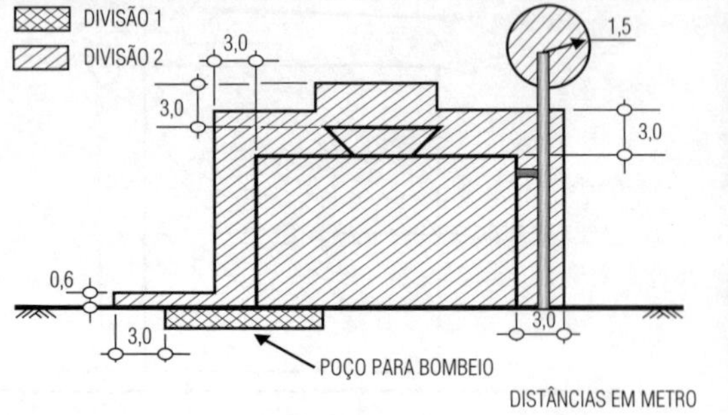


**FIGURA 1.9** Torre de refrigeração de água de processo

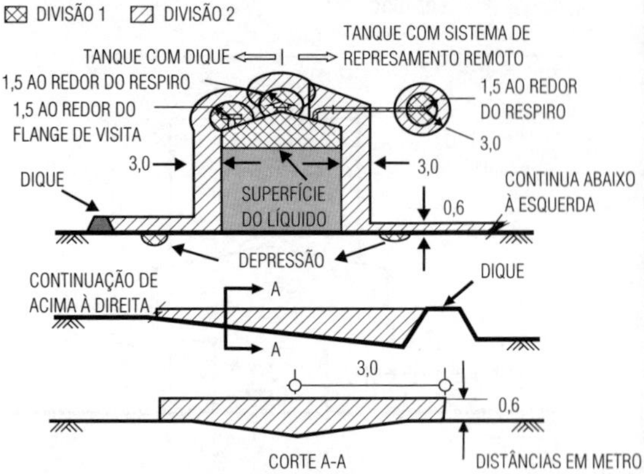


**FIGURA 1.10** Tanque de armazenamento de teto fixo, área bem ventilada

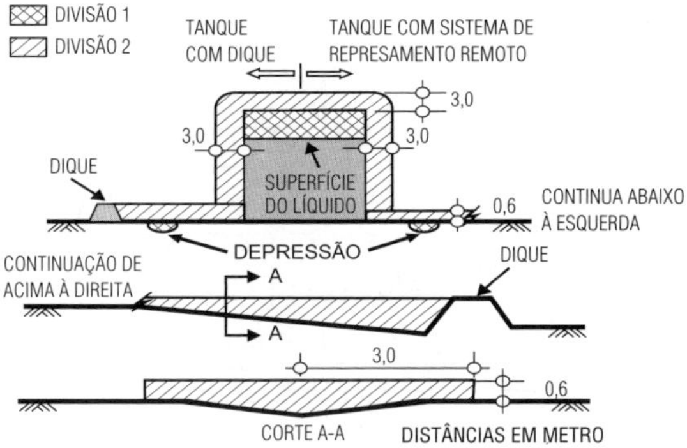


**FIGURA 1.11** Área bem ventilada – tanque de teto flutuante

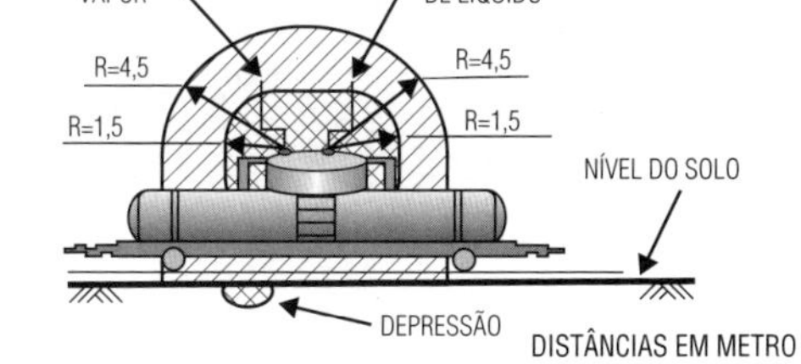


**FIGURA 1.12** Produtos: gás liquefeito, gás comprimido, líquido criogênico

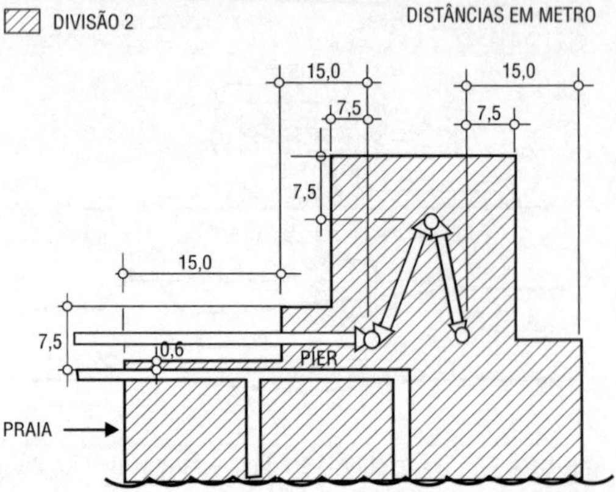


**FIGURA 1.13** Terminal marítimo para manuseio de líquidos inflamáveis

## TRANSPORTE E ARMAZENAMENTO

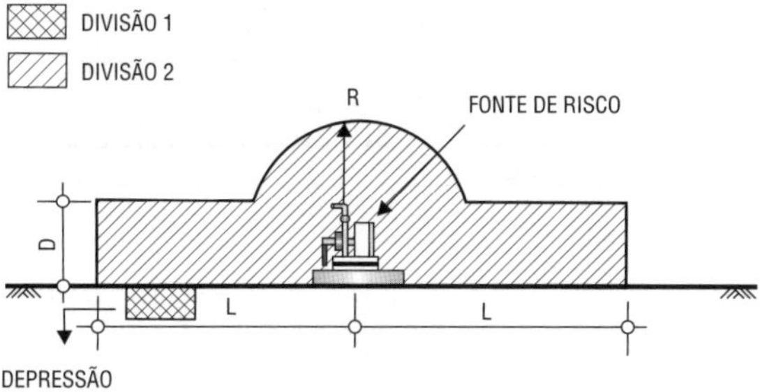


| NÍVEL | DISTÂNCIA (METRO) | | |
|---|---|---|---|
| | L | R | D |
| LÍQUIDO, PRESSÃO 275 PSIG (1896 KPA) OU MENOR | 3 | 1 | 0,6 |
| LÍQUIDO, PRESSÃO ACIMA DE 275 PSIG | 15 | 7,5 | 0,6 |
| LÍQUIDOS ALTAMENTE VOLÁTEIS (LAV) | 30 | 7,5 | 0,6 |

**FIGURA 1.14** Bomba ou compressor de líquido inflamável ou altamente volátil em ambiente adequadamente ventilado

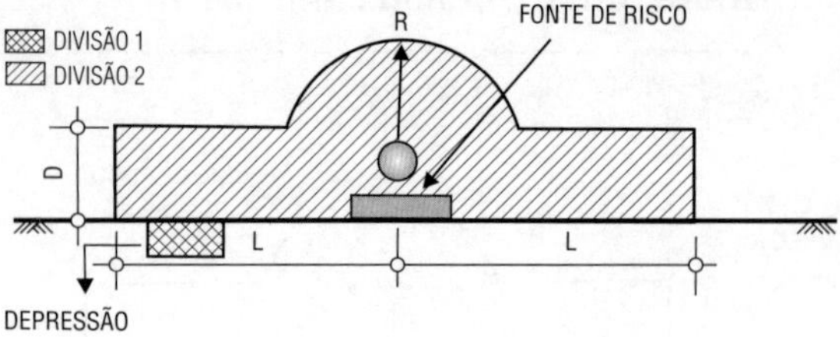


| NÍVEL | DISTÂNCIA (METRO) | | |
|---|---|---|---|
| | L | R | D |
| LÍQUIDO, PRESSÃO 275 PSIG (1896 KPA) OU MENOR | 3 | 1 | 0,6 |
| LÍQUIDO, PRESSÃO ACIMA DE 275 PSIG | 3 | 1 | 0,6 |
| LÍQUIDOS ALTAMENTE VOLÁTEIS (LAV) | 6 | 3 | 0,6 |

**FIGURA 1.15** Tubulação com válvulas, acessórios roscados, flanges, contendo líquido inflamável ou altamente volátil em ambiente ventilado

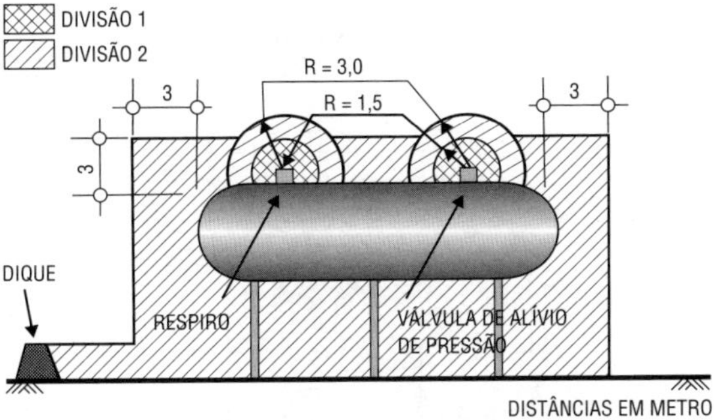


**FIGURA 1.16** Tubulação com válvulas, acessórios roscados, flanges, contendo líquido inflamável ou altamente volátil em ambiente ventilado

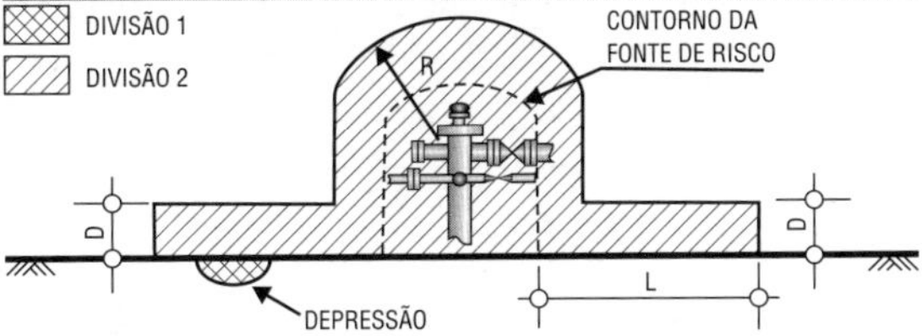


| NÍVEL | DISTÂNCIA (METRO) | | |
|---|---|---|---|
| | L | R | D |
| GÁS 1900KPA (275 PSIG) OU MENOR | 6 | 3 | 0,6 |
| GÁS ACIMA DE 1900KPA (275 PSIG) | 6 | 3 | 0,6 |
| LAV | 15 | 7,5 | 0,6 |

**FIGURA 1.17** Armazenamento em cavernas

## PRODUÇÃO E PERFURAÇÃO

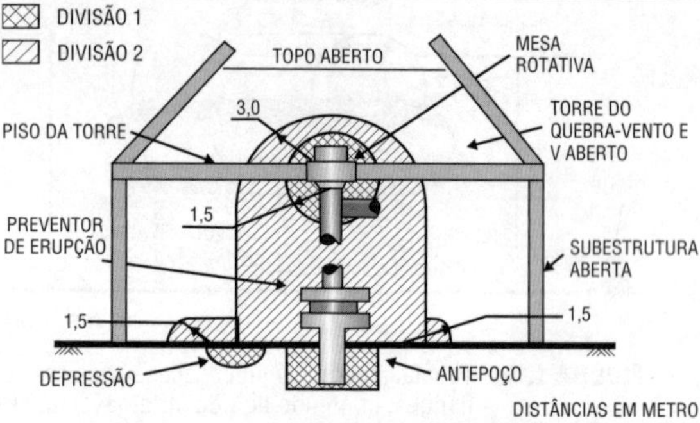


**FIGURA 1.18** Sonda de perfuração, ambiente bem ventilado na subestrutura, torre não fechada, com quebra-vento e v aberto (topo aberto)

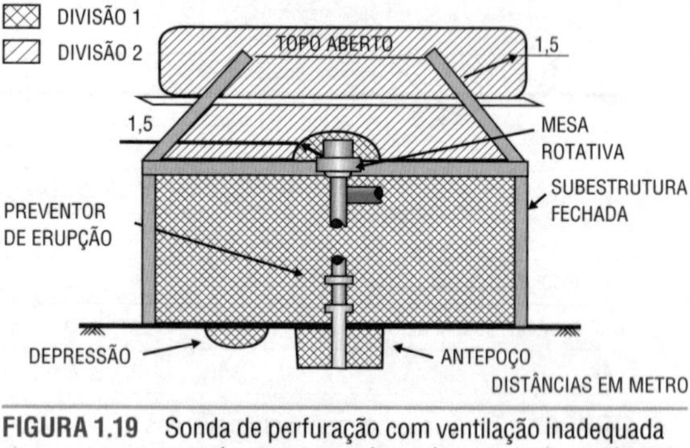


**FIGURA 1.19** Sonda de perfuração com ventilação inadequada na subestrutura e adequada na torre (topo aberto)

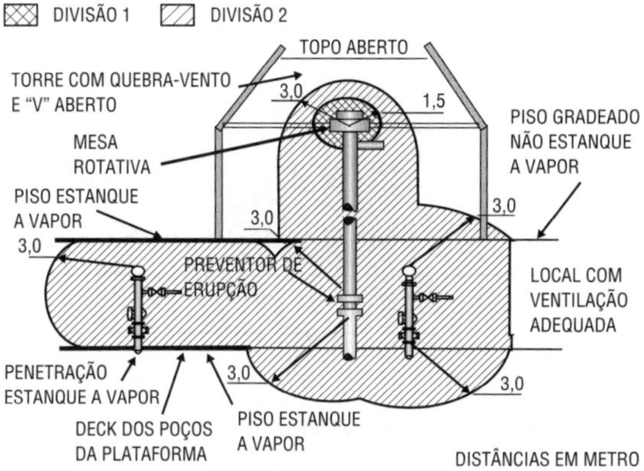


**FIGURA 1.20** Plataforma de perfuração, subestrutura e interior da torre com ventilação adequada, vários poços de produção abaixo e numa área com ventilação adequada

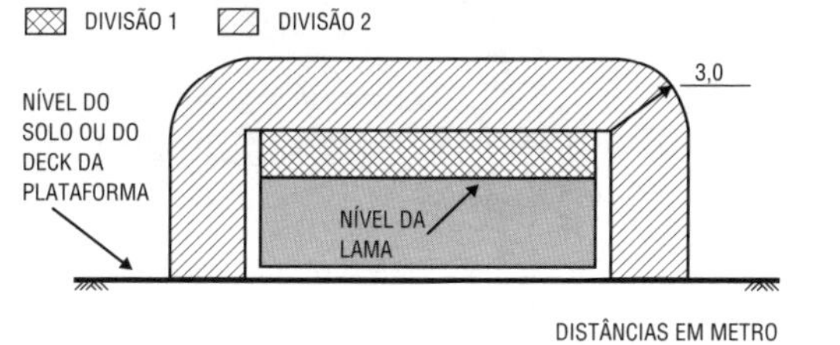


**FIGURA 1.21** Tanque de lama em ambiente aberto com ventilação adequada

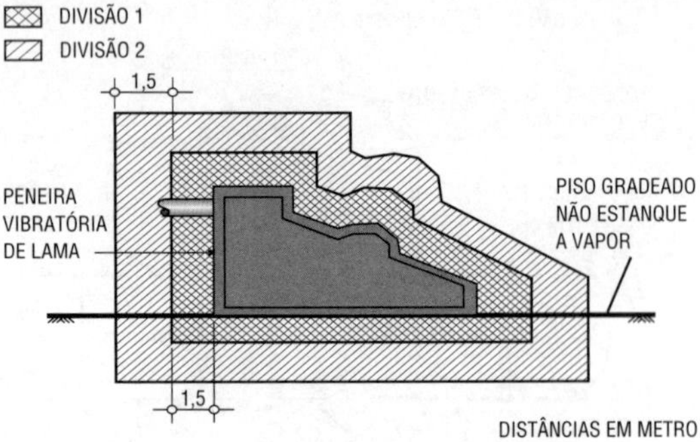


**FIGURA 1.22** Peneira de lama em ambiente aberto e bem ventilado

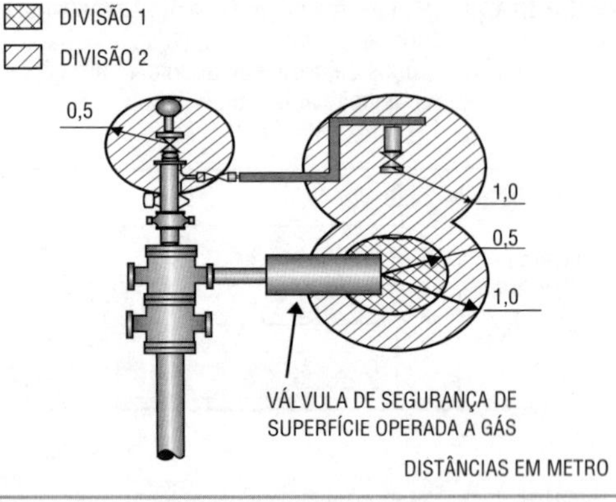


**FIGURA 1.23** Poço surgente, em área aberta e adequadamente ventilada sem antepoço

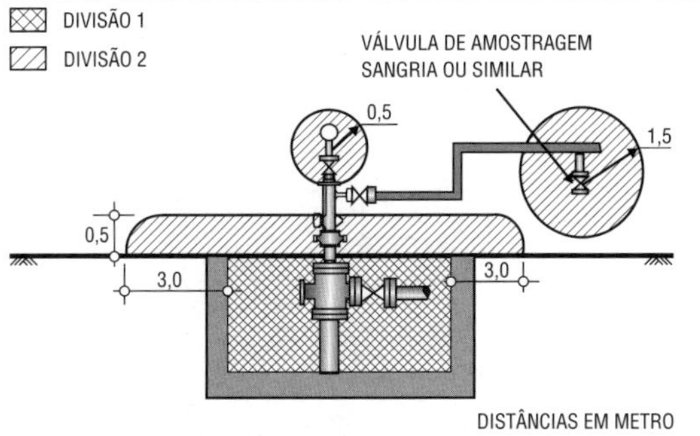


**FIGURA 1.24** Poço surgente, em ambiente aberto, com ventilação adequada e com antepoço

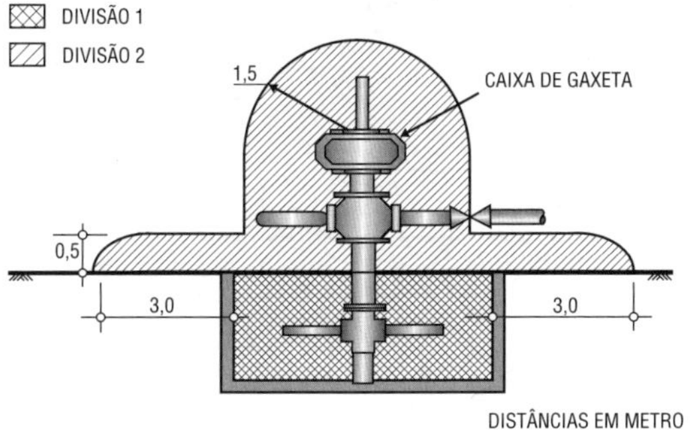


**FIGURA 1.25** Poço com bombeio mecânico, em área adequadamente ventilada e com antepoço

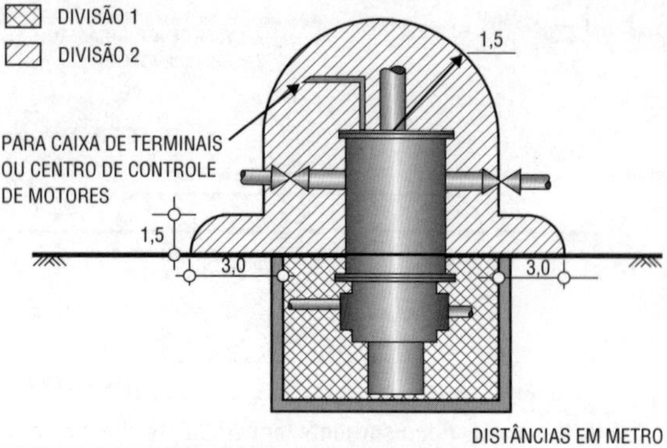


**FIGURA 1.26** Poço com bombeio submerso, situado em área aberta e com ventilação adequada, com antepoço

## INDÚSTRIAS QUÍMICAS

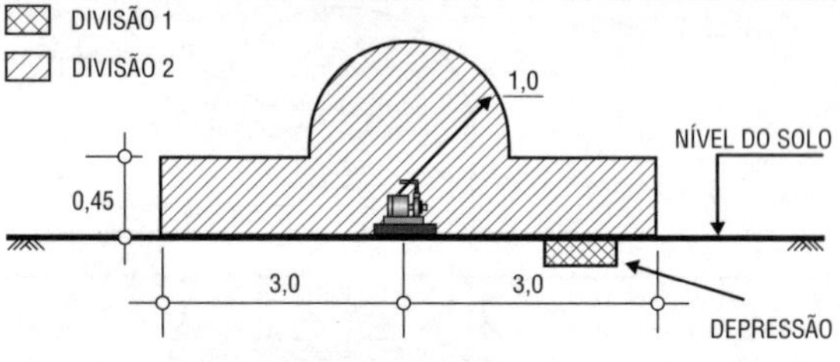


| FONTES DE RISCO | PEQUENA (Baixa) | MODERADA (Média) | GRANDE (Alta) |
|---|---|---|---|
| VOLUME | √ | √ | |
| PRESSÃO | √ | √ | |
| VAZÃO | √ | √ | |

**FIGURA 1.27** Fonte de risco de líquido inflamável

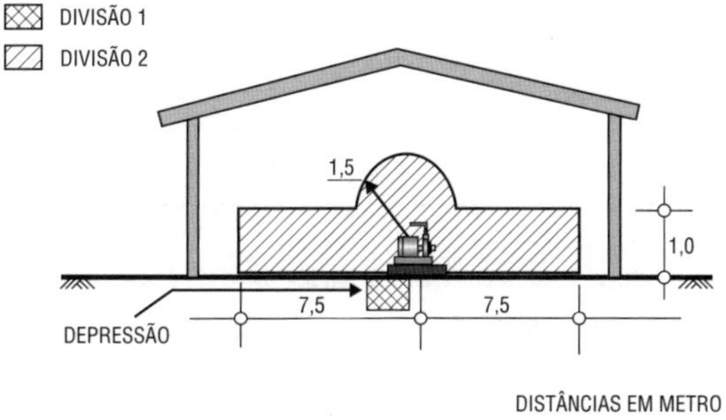


| FONTES DE RISCO | PEQUENA (Baixa) | MODERADA (Média) | GRANDE (Alta) |
|---|---|---|---|
| VOLUME | √ | √ | |
| PRESSÃO | √ | √ | |
| VAZÃO | √ | √ | |

**FIGURA 1.28** Fonte de risco de líquido inflamável em ambiente interno bem ventilado

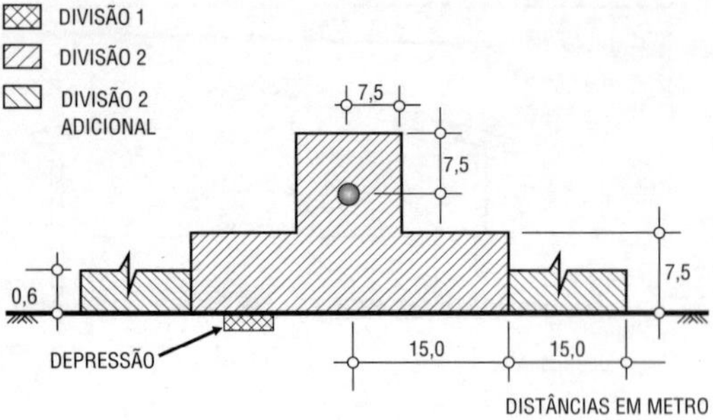


| FONTES DE RISCO | PEQUENA (Baixa) | MODERADA (Média) | GRANDE (Alta) |
|---|---|---|---|
| VOLUME | | | √ |
| PRESSÃO | | √ | √ |
| VAZÃO | | | √ |

**FIGURA 1.29** Fonte de risco de líquido inflamável mais pesado que o ar em ambiente aberto e bem ventilado

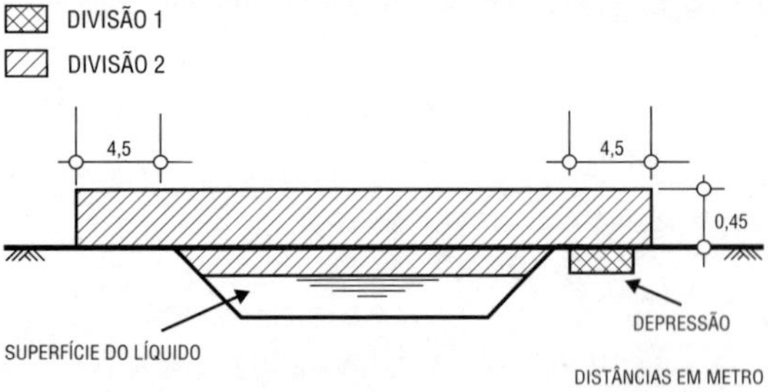


**FIGURA 1.30** Bacia de contenção ou separador de água e óleo

## CRITÉRIOS DE CLASSIFICAÇÃO DE ÁREAS – VISÃO DA NORMA BRASILEIRA E INTERNACIONAL (ABNT/IEC)

Pela norma brasileira e internacional, os ambientes e os equipamentos elétricos/eletrônicos são designados como:

- *Grupo I* – quando se trata de **mineração subterrânea**;
- *Grupo II* – quando se trata de **indústrias de superfície**, para gás ou vapor e nesse caso o Grupo II é subdividido em:
  - IIA (gasolina etc.);
  - IIB (eteno etc.);
  - IIC (acetileno + hidrogênio);
- *Grupo III* – quando se trata de **pós** ou **fibras combustíveis**, sendo subdivido em:
  - IIIA – aplicável a ambientes com fibras combustíveis;
  - IIIB – aplicável a ambientes com pós combustíveis de característica não condutora de eletricidade;
  - IIIC – aplicável para os pós combustíveis condutores de eletricidade.

Os ambientes são designados como: Zona 0, Zona 1 e Zona 2, para as indústrias que operam com gases ou vapores inflamáveis, e zona 20, zona 21 e zona 22, para as indústrias que operam com fibras ou pós combustíveis com o seguinte significado:

## CONCEITO DE ZONA

- *Zona 0* – a ocorrência de mistura inflamável é contínua ou existe por longos períodos;
- *Zona 1* – a ocorrência de mistura inflamável acontece em condições normais de operação do equipamento de processo;
- *Zona 2* – a ocorrência de mistura inflamável é pouco provável de acontecer e se acontecer é por curtos períodos, estando associada à operação anormal do equipamento de processo.

- *Zona 20* – locais onde as poeiras ou fibras combustíveis estão presentes continuamente ou por longos períodos de tempo, em quantidade suficiente para oferecerem risco de formação de atmosfera explosiva;
- *Zona 21* – locais onde as poeiras ou fibras combustíveis são prováveis de ocorrer ocasionalmente, em condições normais de operação, em quantidades suficientes para oferecerem risco de formação de atmosfera explosiva;
- *Zona 22* – locais onde as poeiras ou fibras combustíveis não são prováveis de ocorrer em condições normais de operação e em quantidades

suficientes para oferecerem risco de formação de atmosfera explosiva.

Com relação aos volumes de risco, a IEC optou por não produzir figuras padronizadas, como foi a solução adotada pelos americanos. A IEC entende que fatores externos podem influenciar nesses volumes, o que tornaria impraticável uma padronização. Por isso sugere que cada usuário estabeleça seus próprios critérios, desde que sejam adotados os conceitos de Zona 0, Zona 1 e Zona 2, a classificação de áreas atenderia ao proposto pela IEC. *Na norma IEC 60079-10 e na respectiva norma brasileira, existe um método de cálculo que não serve para* DEFINIÇÃO *dos volumes de risco, sendo apenas utilizado para determinar se o local é uma Zona 0, Zona 1 ou Zona 2, combinando com fatores de ventilação.*

Existe uma proposta praticada em alguns países da Europa, para a quantificação das zonas, conforme segue:

## Quantificação das zonas

| Zona | Presença de mistura inflamável |
|---|---|
| 0 | 1.000 horas ou mais por ano (10%) |
| 1 | 10 < horas por ano < 1.000 (0,1% a 10%) |
| 2 | 1 < hora por ano < 10 (0,01% a 0,1%) |
| Área não classificada | Menos do que 1 hora por ano |

Uma das soluções para classificação de áreas atendendo à norma brasileira/internacional é aplicar as figuras padronizadas da prática americana, adaptando-as ao critério de Zona 0, Zona 1 e Zona 2, conforme os exemplos a seguir:

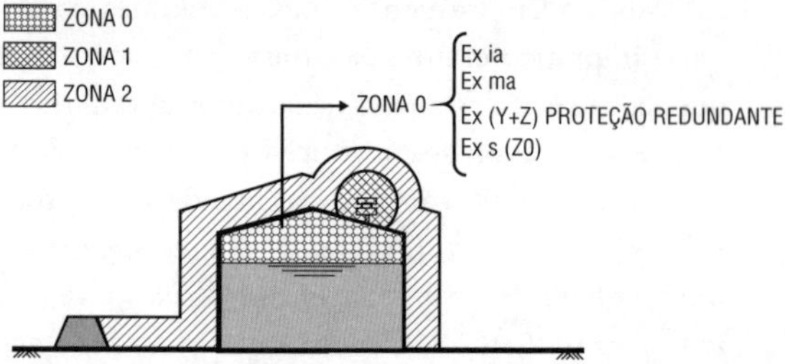


**FIGURA 1.31** Tanque de armazenamento de líquido inflamável

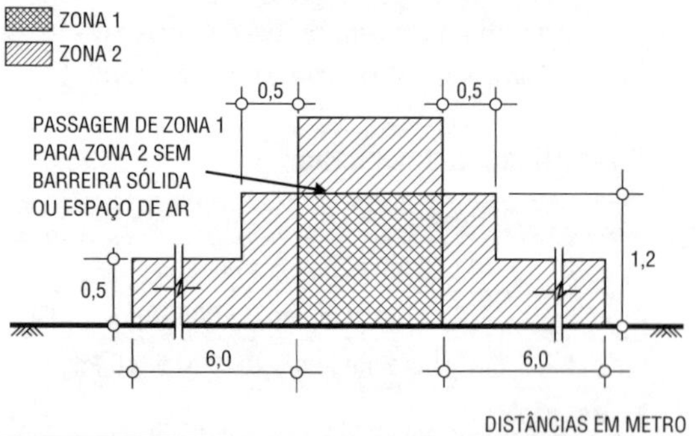


**FIGURA 1.32** Unidades abastecedoras eletrônicas

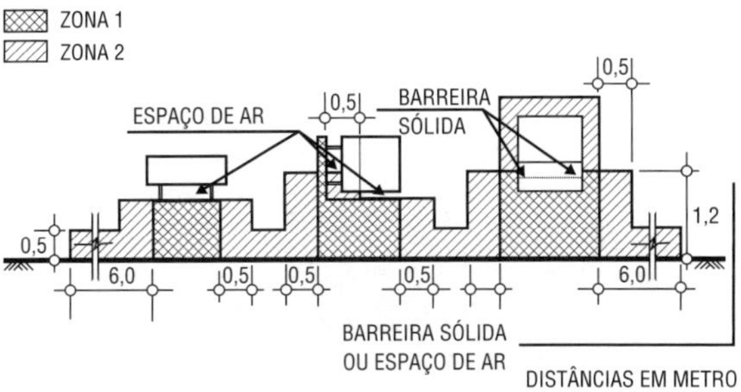


**FIGURA 1.33** Unidades abastecedoras eletrônicas

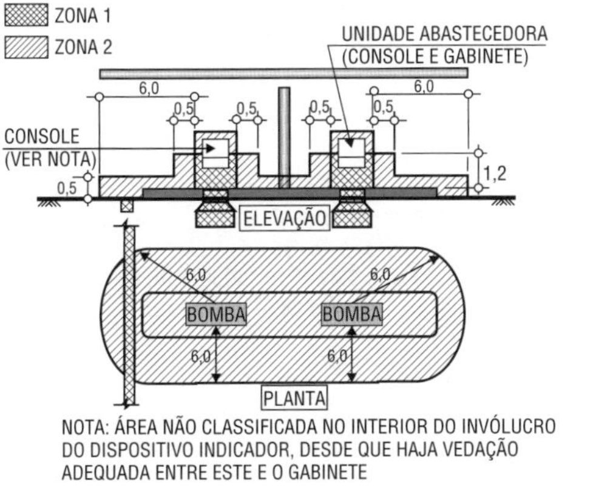


**FIGURA 1.34** Unidades abastecedoras eletrônicas

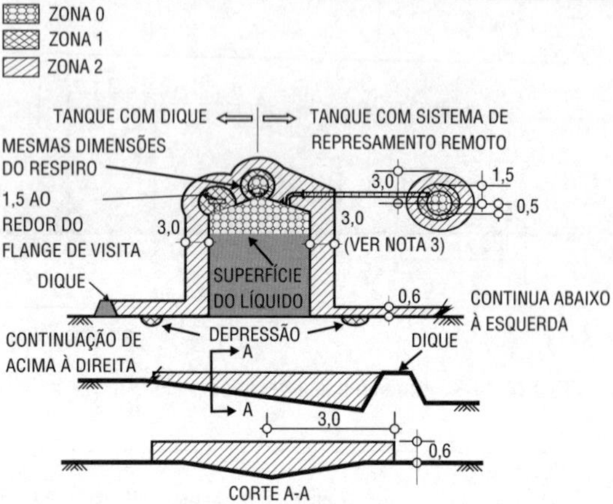


NOTAS:

1. Elevadas vazões de enchimento ou operações de mistura podem requerer áreas classificadas em maior extensão.
2. Distâncias considerando instalações típicas de indústria de petróleo.
3. A zona 2 se estende e termina a 3,0 m do costado do tanque se não houver dique nem sistema de represamento.

DISTÂNCIAS EM METRO

**FIGURA 1.35** Tanque de armazenamento de teto fixo em área bem ventilada

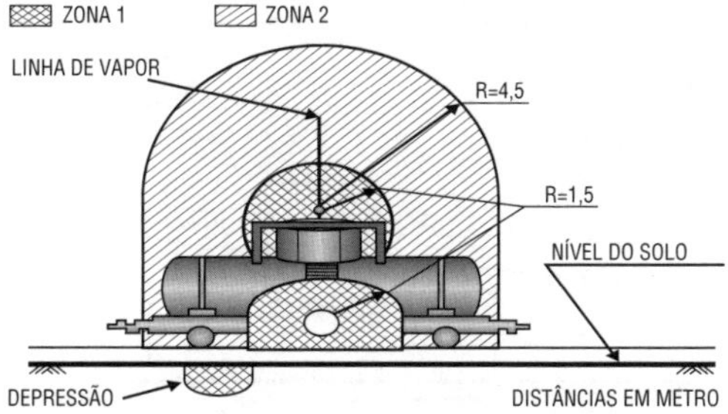


**FIGURA 1.36** Carregamento ou descarregamento de vagões ou caminhões tanque via sistema fechado. Transferência do produto somente pelo fundo. Produto: gás liquefeito, gás comprimido, líquido criogênico

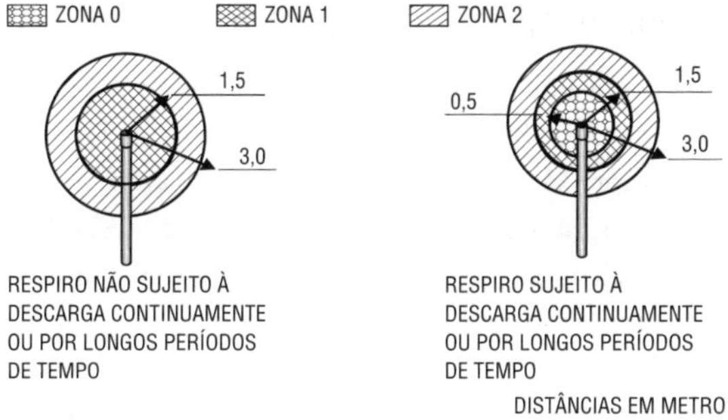


**FIGURA 1.37** Respiros de equipamentos de processo situados

em ambiente externo e bem ventilados

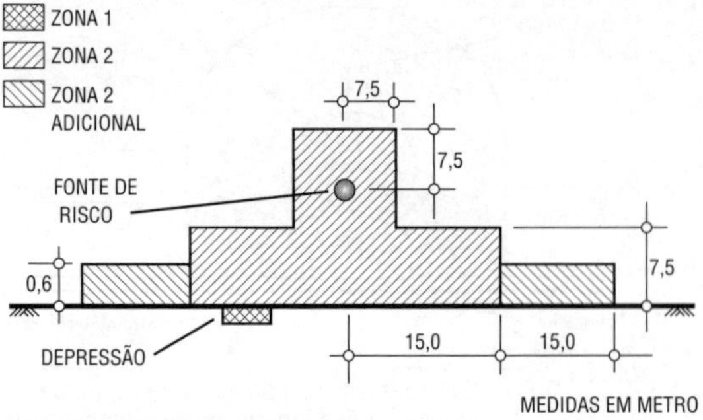


**FIGURA 1.38** Fonte de risco de gás ou vapor mais pesado que o ar em ambiente bem ventilado

## CLASSIFICAÇÃO DE ÁREAS PARA AMBIENTES COM POEIRAS COMBUSTÍVEIS

Os perigos associados ao processamento, armazenamento ou manuseio de poeiras combustíveis nem sempre são bem percebidos, quando comparados aos resultantes dos gases e vapores inflamáveis. Para esses últimos, já estão disponíveis há mais tempo: normas, tecnologias construtivas de equipamentos elétricos e eletrônicos (tipos de proteção), legislação, organismos de certificação etc., tornando seu conhecimento e instalação mais bem compreendidos.

Em comparação, quando se trata de poeiras combustíveis, somente mais recentemente foram desenvolvidas no Brasil normas relacionadas a esses ambientes para a classificação de áreas e para seleção, instalação, inspeção e certificação de equipamentos. A certificação de conformidade somente se tornou compulsória a partir da publicação da Portaria INMETRO 179, de 18 de maio de 2010.

Para a determinação das Zonas 20, 21 e 22, podem ser utilizados os critérios da tabela abaixo que devem ser considerados como um subsídio adicional:

| Zona | Uma atmosfera explosiva de poeira é gerada ... | Tempo de permanência com mistura explosiva |
|---|---|---|
| 20 | Continuamente, por longos períodos ou frequentemente por curtos períodos. | Mais do que 1.000 horas por ano. |
| 21 | Ocasionalmente, em condições normais de operação. | Entre 10 e 1.000 horas por ano. |
| 22 | Somente em condições anormais de operação e por curtos períodos. | Menos do que 10 horas por ano. |

Fonte: Nº 11/2006 Tech Bulletin – Combustible Dusts © RiskTech Pty Limited

A classificação de áreas para ambientes com poeiras combustíveis pode requerer informações adicionais, como por exemplo:

- energia mínima de ignição do pó em nuvem;
- temperatura de ignição do pó em nuvem;
- temperatura de ignição do pó em camada;
- índice de severidade da explosão;
- índice de sensibilidade.

A tabela a seguir mostra alguns exemplos de faixas de índices de severidade e sensibilidade de explosão, em referência ao padrão Pittsburgh Coal Dusts, para alguns tipos de pós combustíveis:

| Tipo de explosão | Índice de sensibilidade | Índice de severidade da explosão |
|---|---|---|
| Fraca | <0,2 | <0,5 |
| Moderada | 0,2 – 1,0 | 0,5 – 1,0 |
| Forte | 1,0 – 5,0 | 1,0 – 2,0 |
| Severa | >5,0 | >2,0 |
| **Exemplos de pós** | | |
| Arroz | 0,5 | 0,5 |
| Milho | 2,3 | 3,0 |
| Trigo | 2,8 | 3,3 |

Fonte: Nº 11/2006 Tech Bulletin – Combustible Dusts © RiskTech Pty Limited.

A norma brasileira para a classificação de áreas para ambientes contendo pó combustível é a

NBR IEC 60079-10-2. Exemplos de classificação de áreas para pó combustíveis são apresentados a seguir:

Estação de esvaziamento de "bags" no interior de um ambiente sem ventilação de extração.

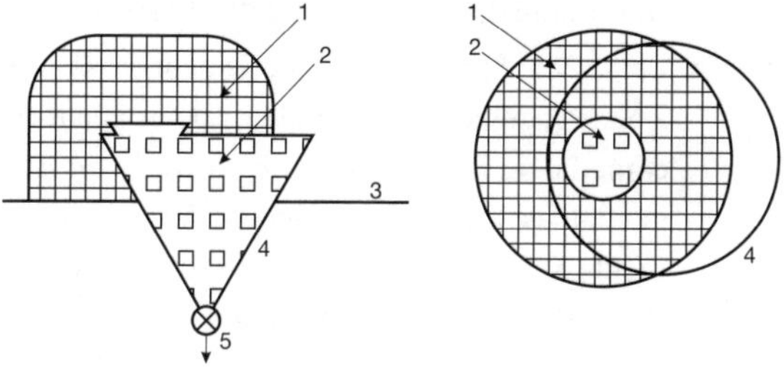


LEGENDA
1. ZONA 21
2. ZONA 20
3. Piso
4. Funil de descarga de saco
5. Para o processo

**FIGURA 1.39** Estação de esvaziamento de "bags" no interior de um ambiente sem ventilação de extração

Neste exemplo, "bags" são frequentemente esvaziados manualmente em um funil a partir do qual o conteúdo é distribuído pneumaticamente em outra parte da planta sem ventilação de extração. Parte do funil é normalmente preenchido com produto.

- *Zona 20* – Dentro do funil, devido à presença frequente, ou até mesmo contínua, de atmosfera de poeira combustível.

- *Zona 21* – A abertura de uma entrada ou caixa de passagem que não possua ventilação de extração é uma fonte com um grau primário de liberação. Consequentemente, uma Zona 21 é definida na região ao redor da entrada, estendida desde a extremidade da abertura de entrada até o piso.
- *Zona 22* – Uma Zona 22 pode ocorrer adjacente à Zona 21, devido ao acúmulo de poeira na forma de camada, ou se a liberação de poeira é composta de partículas muito finas que poderiam ocasionalmente alcançar a área além dos limites normais da Zona 21, em condições normais de operação.

**Nota:** Se houver acúmulo de camadas de poeira, então uma classificação adicional pode ser necessária, levando em conta a extensão da camada e qualquer distúrbio desta que produza uma nuvem de poeira, em conjunto com o nível de limpeza. Qualquer movimento de ar durante a descarga dos "bags" pode, ocasionalmente, carregar a nuvem de poeira para além da extensão da Zona 21, sob condições anormais de operação, caso em que uma Zona 22 pode ser requerida.

## Estação de esvaziamento de "bags" com ventilação de extração

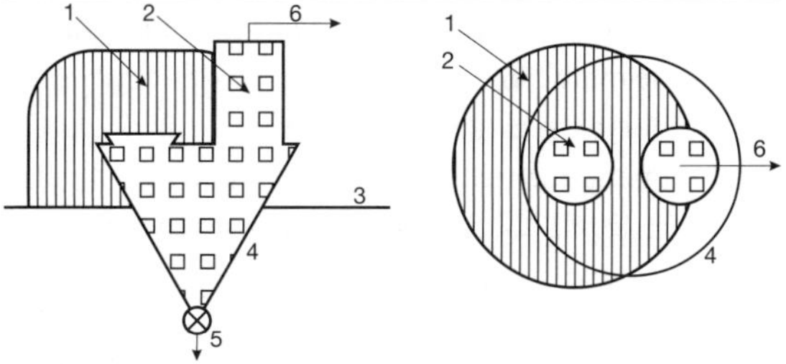


**LEGENDA**
1. ZONA 22
2. ZONA 20
3. Piso
4. Funil de descarga de saco
5. Para o processo
6. Para extração dentro da contenção

**FIGURA 1.40** Extração de esvaziamento de "bags" com ventilação de extração

Este exemplo é similar ao anterior, mas neste caso, o sistema possui ventilação de extração. Deste modo, a poeira pode ser mantida no sistema, tanto quanto possível.

- *Zona 20* – Dentro do funil, devido à presença frequente, ou até mesmo contínua, de atmosfera de poeira combustível.

- *Zona 22* – A abertura de entrada é uma fonte com um grau secundário de liberação. Não existe escape de poeira em circunstâncias normais devido ao sistema de extração de poeira. Em um sistema de extração bem projetado, qualquer liberação de poeira será succionada para o interior. Consequentemente, somente uma Zona 22 é definida ao redor da abertura de entrada, estendendo alguma distância entre a extremidade da abertura de inspeção até o piso. A extensão exata da área tipo Zona 22 necessita ser determinada com base nas características da poeira e do processo.

**Nota:** se houver acúmulo de camadas de poeira, então uma classificação adicional pode ser necessária, levando em conta a extensão da camada e qualquer distúrbio desta que produza uma nuvem de poeira, em conjunto com o nível de limpeza. Qualquer movimento de ar durante a descarga dos "bags" pode, ocasionalmente, carregar a nuvem de poeira para além da extensão da Zona 21, sob condições anormais de operação, caso em que uma Zona 22 pode ser requerida.

## Ciclone e filtro com saída para o exterior do ambiente

O ciclone e o filtro são parte do sistema de extração por sucção. O produto extraído passa através de uma válvula rotativa continuamente operada e cai em um silo fechado. Devido ao ciclone, a quantidade de poeira no filtro é muito pequena e, desta forma, os intervalos de limpeza são elevados. Por esta razão, somente ocasionalmente o interior contém uma nuvem de poeira em operação normal. O ventilador de extração na unidade filtrante sopra o ar extraído para fora.

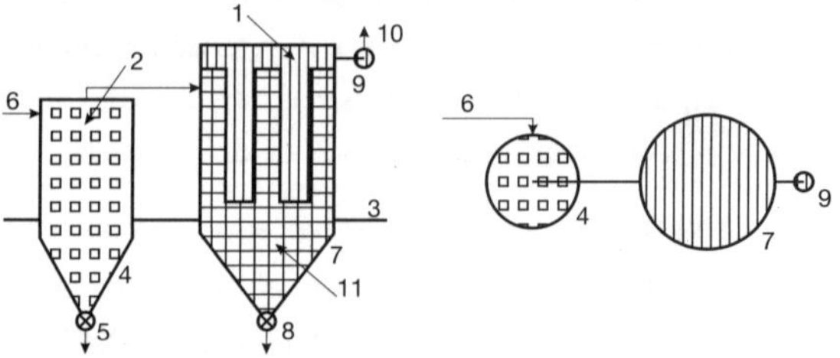


**LEGENDA**
1. ZONA 22
2. ZONA 20
3. Piso
4. Ciclone
5. Para o silo do produto
6. Entrada
7. Filtro
8. Para os vasos de finos
9. Ventilador de extração
10. Para a saída
11. ZONA 21

**FIGURA 1.41** Ciclone e filtro com saída para o exterior do ambiente

- *ZONA 20* – Dentro do ciclone, devido à presença frequente, ou até mesmo contínua, de atmosfera de poeira combustível.
- *Zona 21* – Existe uma Zona 21 no lado sujo do filtro somente se pequenas quantidades de poeira não forem coletadas pelo ciclone em operação normal.
- *Zona 22* – O lado limpo do filtro pode conter uma nuvem de poeira se o elemento filtrante falhar. Isso se aplica ao interior do filtro, a jusante do elemento filtrante, no duto de extração e em torno da descarga do duto de extração. A Zona 22 se estende de uma distância em torno do duto de saída até o chão (não mostrada na figura). A extensão exata da área tipo Zona 22 necessita ser determinada com base nas características da poeira e do processo.

**Nota:** se a camada de poeira se acumular no exterior do equipamento na planta, então uma classificação adicional pode ser requerida, levando em consideração a extensão da camada, as condições ambientais e qualquer distúrbio na camada que produza uma nuvem.

## TRABALHO DE CLASSIFICAÇÃO DE ÁREAS

Antes de se iniciar o desenho de classificação de áreas, é fundamental o preenchimento da Lista de Dados para Classificação de Áreas, em que os equipamentos de processo, parâmetros de processo, tipos de substâncias inflamáveis, condições de ventilação etc. são registrados e servirão de base para a determinação dos volumes de risco. A Lista de Dados para Classificação de Áreas também pode ser visualizada na página deste livro no site da editora Blucher (www.blucher.com.br).

| EQUIPAMENTO DE PROCESSO | | | PRODUTO ENVOLVIDO | TEMPERATURA DE OPERAÇÃO PRESSÃO/ VOLUME °C/ kgf/cm² /m³ | VENTILAÇÃO | FONTE DE RISCO - DISTÂNCIA HORIZONTAL (m) | | | | | CLASSE DE TEMPERATURA E GRUPO | OBSERVAÇÃO |
|---|---|---|---|---|---|---|---|---|---|---|---|---|
| IDENTIFICAÇÃO | DESCRIÇÃO | LOCAÇÃO | | | | DESCRIÇÃO | GRAU | LIMITE DA ZONA 0 | LIMITE DA ZONA 1 | LIMITE DA ZONA 2 | | |
| CASA DE BOMBAS "A"- CAFOR | | | | | | | | | | | | |
| J-223 A/B | BOMBA DE CONDENSADO | CAFOR | CONDENSADO | 145 / 6,00 / - | Adequadamente Ventilado | - | - | - | - | - | - | Produto Não Inflamável |
| J-224 A/B/C | BOMBA DE HIDRAZINA | CAFOR | FOSFATO / HIDRAZINA | 140 / 2,00 / - | Adequadamente Ventilado | Selo / Flange | Secundário | - | - | 1,00 | T3 II A | P.F. = 52°C |
| J-225 A / B | BOMBA DE ÁGUA DE LAVAGEM | CAFOR | ÁGUA ESGOTADA | 119 / 126,0 / - | Adequadamente Ventilado | - | - | - | - | - | - | Produto Não Inflamável |
| | | | | | | | | | | | | |
| | | | | | | | | | | | | |
| UTILIDADES | | | | | | | | | | | | |
| P-630001 A/B | RESFRIADOR DE ÓLEO DA TURBINA | CAFOR | Casco = Óleo Lubrificante<br>Tubos = Água de Resfriamento | 149 / 1 4,0 /<br>120 / 10,0 / | Adequadamente Ventilado | - | -<br>- | - | - | - | - | Produto Não Inflamável |
| P-63001 | ÁGUA DE ALIMENTAÇÃO | CAFOR | ÁGUA | 172,8 / 13,82 / | Adequadamente Ventilado | - | - | - | - | - | - | Produto Não Inflamável |
| F-630002 | VASO DE GÁS NOBRE | CAFOR | GÁS RESIDUAL | 38 / 52,0 / | Adequadamente Ventilado | Flange / Conexões | Secundário | - | - | 3,00 | T1 II A | Predominante METANO |
| F-630001 | SEPARADOR DE GÁS DE SUCÇÃO | CAFOR | GÁS COMBUSTIVEL | 60 / 17,0 / | Adequadamente Ventilado | Flange / Conexões | Secundário | - | - | 3,00 | T1 II A | Predominante METANO |
| F-223 | VASO SEPARADOR DE GÁS COMBUSTIVEL | CAFOR | GÁS COMBUSTIVEL | 75 / 11,5 / | Adequadamente Ventilado | Flange / Conexões | Secundário | - | - | 3,00 | T1 II A | Predominante METANO |
| FT-63003 A/B | SEPARADOR DE CONDENSADO DE GÁS | CAFOR | CONDENSADO | 40 / 7,1 / | Adequadamente Ventilado | - | - | - | - | - | - | |
| V-630215 A/B | DESUMIDIFICADOR PARA AR COMPRIMIDO | CAFOR | AR COMPRIMIDO | 40 / 15,3 / | Adequadamente Ventilado | - | - | - | - | - | - | Produto Não Inflamável |
| V-630213 A/B | DESUMIDIFICADOR PARA AR COMPRIMIDO | CAFOR | AR COMPRIMIDO | 40 / 10,0 / | Adequadamente Ventilado | - | - | - | - | - | - | Produto Não Inflamável |
| V-630006 | VASO AR PARA CALDEIRA | CAFOR | AR | - | Adequadamente Ventilado | - | - | - | - | - | - | Produto Não Inflamável |
| B-UQ-63001 A/B/C/D | BOMBA DOSADORA DE SOLUÇÕES | CAFOR | HIDRAZINA - MORFALINA | 26,6 / 5,0 / | Adequadamente Ventilado | Selo / Flange | Secundário | - | - | 1,00 | T3 II A | |
| TQ-UQ-63001 | TANQUE MEDIÇÃO DA MISTURA | CAFOR | HIDRAZINA - MORFALINA | Temp. Amb. | Adequadamente Ventilado | Flange / Conexões | Secundário | - | - | 1,00 | T3 II A | |
| TQ-UQ-63001-02A | TANQUE INJEÇÃO QUIMICA | CAFOR | HIDRAZINA - MORFALINA | Temp. Amb. | Adequadamente Ventilado | Flange / Conexões | Secundário | - | - | 1,00 | T3 II A | |
| TQ-UQ-63001-02B | TANQUE INJEÇÃO QUIMICA | CAFOR | FOSFATO | Temp. Amb. | Adequadamente Ventilado | - | - | - | - | - | - | Produto Não Inflamável |
| VASO GÁS | VASO de GÁS - FLARE | CAFOR | GÁS COMBUSTIVEL | - | Adequadamente Ventilado | Flange / Conexões | Secundário | - | - | 3,00 | T1 II A | Predominante METANO |
| F-219A | TANQUE DE ÓLEO COMBUSTIVEL | CAFOR | ÓLEO COMBUSTIVEL | Temp. Amb. | Adequadamente Ventilado | - | - | - | - | - | - | Ponto Fulgor >> Temp. Amb. e Temp. Processo |
| J-260 A/B/C | COMPRES. DE AR DE INSTRUMENTAÇÃO | CAFOR | AR COMPRIMIDO | 50 / 8,5 | Adequadamente Ventilado | - | - | - | - | - | - | Produto Não Inflamável |
| J-260 D | COMPRES. DE AR DE INSTRUMENTAÇÃO | CAFOR | AR COMPRIMIDO | | Adequadamente Ventilado | - | - | - | - | - | - | Produto Não Inflamável |
| F-210 | TANQUE DE ÁGUA | CAFOR | ÁGUA | - | Adequadamente Ventilado | - | - | - | - | - | - | Produto Não Inflamável |
| F-221 | TANQUE | CAFOR | - | - | Adequadamente Ventilado | - | - | - | - | - | - | DESATIVADO |
| CALDEIRA | CALDEIRA | CAFOR | VAPOR/GÁS | - | Ventilação Limitada | - | - | - | - | - | - | Fonte de Ignição de Origem Não Elétrica |
| | | | | | | | | | | | | |
| SALA DE BATERIAS | | | | | | | | | | | | |
| SALAS BATERIAS | SALA DE BATERIAS | SES | BATERIAS CHUMBO ÁCIDO | Amb./Atm. | Ventilação Artificial | Liberação bateria | - | - | - | Internamente | T1 II C | Liberação de Hidrogênio |

ESPAÇO PARA NOTAS E OBSERVAÇÕES

NOTAS:

[ ] SIM [ ] NÃO [ ] SIM [ ] NÃO [X] SIM [ ] NÃO

▷ Atualização da classificação de áreas pela IEx atendendo a NBR IEC 60079-10-1, onde indicado.

| | ORIGINAL | REV. A | REV. B | REV. C | REV. D | REV. E | REV. F | REV. G |
|---|---|---|---|---|---|---|---|---|
| DATA | | | | | | | | |
| EXECUÇÃO | | | | | | | | |
| VERIFICAÇÃO | | | | | | | | |
| APROVAÇÃO | | | | | | | | |

IEx Consultoria
Instalações Elétricas Especializadas
Atmosferas Explosivas

DOCUMENTO: LI-XXXX-XXXX-XXX-XXX

CLIENTE OU USUÁRIO:

FOLHA: 1 de 1

EMPREENDIMENTO OU PROGRAMA: ATUALIZAÇÃO DO PLANO DE CLASSIFICAÇÃO DE ÁREAS

ÁREA OU UNIDADE:

LISTA DE DADOS DE EQUIPAMENTOS PARA CLASSIFICAÇÃO DE ÁREAS

VER MEMORIAL DESCRITIVO:

VER DESENHO DE CLASSIFICAÇÃO:

VER MEMORIAL DESCRITIVO GERAL:

O desenho de classificação de áreas deve mostrar em planta e em elevação os volumes de risco, com os devidos cortes, de modo a mostrar as regiões de áreas classificadas acima do solo, uma vez que a grande maioria dos equipamentos elétricos e eletrônicos fica instalado acima do solo.

O desenho mostrado na Figura 1.39 é um exemplo de uma classificação de áreas com vista em planta.

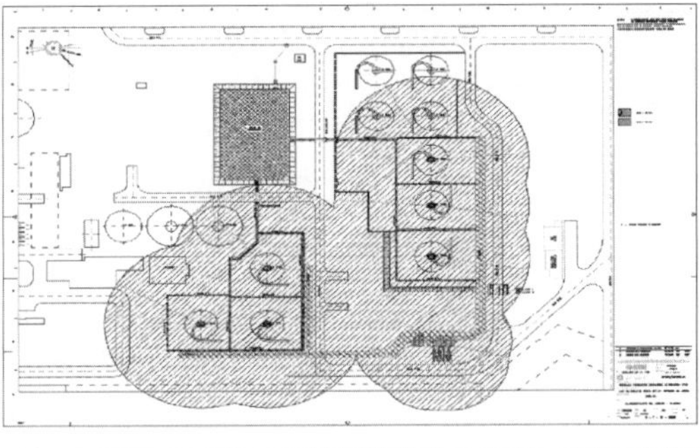

**FIGURA 1.42** Classificação de áreas do Parque de Esferas de GLP – **planta**.

*Não existe travesseiro tão macio*
*quanto uma consciência limpa.*

Provérbio

*A não violência é o primeiro item da*
*minha fé e o último da minha crença.*

Mohandas Karamchand

*As pessoas são solitárias porque*
*constroem paredes ao invés de pontes.*

Joseph F. Newton

# 2

# EQUIPAMENTOS ELÉTRICOS E ELETRÔNICOS

Qualquer equipamento elétrico ou eletrônico, independentemente se vai operar numa área classificada ou não, devem vir de fábrica com uma proteção que se refere principalmente a proteção de pessoas contra choque elétrico, proteção contra intempérie, proteção contra penetração de corpos sólidos etc. Essa proteção é definida por norma técnica. Antigamente não havia nenhuma norma brasileira sobre esse assunto, e por isso era comum utilizarmos como referência uma norma americana da entidade chamada NEMA – National Electrical Manufacturers Association. Essa norma estabelece essa proteção através de dígitos, conforme a seguir.

## DESIGNAÇÃO NEMA (UL) PARA INVÓLUCROS

| | |
|---|---|
| 1 | Uso interno |
| 2 | Uso interno, queda vertical de água |
| 3R | Uso externo, não danifica com gelo sobre o invólucro |
| 3 | O mesmo que 3r, protegido contra poeira trazida pelo vento |
| 3S | O mesmo que 3r,protegido contra pó, operável externamente estando coberto com gelo |
| 4 | Uso externo, protegido contra respingos d'água, pó, jato d'água direto, suporta gelo sobre o invólucro |
| 4X | O mesmo que 4, protegido contra corrosão |
| 5 | Uso interno, protegido contra pó, sujeira e gotejamento de líquido não corrosivo |
| 6 | O mesmo que 3r, protegido contra submersão temporária a uma profundidade limitada |
| 6P | O mesmo que o anterior, protegido contra submersão prolongada |
| 12 – 12K | Uso interno, protegido contra pó, e gotejamento de líquido não corrosivo |
| 13 | Uso interno, protegido contra água ou óleo pulverizado e líquido refrigerante não corrosivo |

Ocorre que posteriormente foi elaborada uma norma brasileira sobre esse mesmo assunto, porém, essa norma foi baseada numa norma internacional,

IEC, que utiliza também dígitos para indicar a proteção dos equipamentos. Os dígitos são indicados após a sigla IP, que significa: **ingress protection**. Conforme a norma brasileira baseada na IEC, os dois dígitos têm o seguinte significado:

- *Primeiro dígito* – proteção de pessoas contra contato a partes energizadas e móveis no interior do invólucro e proteção contra o ingresso de corpos sólidos.

| | |
|---|---|
| 0 | Não protegido |
| 1 | Protegido contra contato acidental do corpo (p. ex.: mão) e contra corpos com diâmetro > 50mm |
| 2 | Protegido contra contato por um dedo padrão e corpos médios diâmetro > 12mm; comprimento > 50mm |
| 3 | Protegido contra contato com ferramentas, fios etc. diâmetro > 2,5mm e corpos pequenos |
| 4 | Protegido contra contato com ferramentas, fios etc. diâmetro > 1,0mm e corpos pequenos |
| 5 | Completamente protegido contra contato; à prova de pó; não estanque a pó |
| 6 | Completamente protegido contra contato; estanque a pó; não há ingresso de pó |

- *Segundo dígito* – proteção contra o ingresso de água.

| | |
|---|---|
| 0 | Não protegido |
| 1 | Protegido contra queda vertical de água (água de condensação) |
| 2 | Protegido contra água com inclinação de até 15° em relação à vertical (à prova de pingos) |
| 3 | Protegido contra água de chuva com inclinação de até 60°, à prova de chuva |
| 4 | Protegido contra respingo em todas as direções, à prova de respingo |
| 5 | Protegido contra jato d'água. Água projetada em todas as direções não prejudicam o equipamento |
| 6 | Protegido contra condições encontradas em decks de navios, ondas do mar ou jatos potentes |
| 7 | Protegido contra imersão. O equipamento opera imerso água sob condições de tempo e pressão |
| 8 | Protegido contra submersão. O equipamento é projetado para operar continuamente submerso |
| 9 | Protegido contra jatos d'água com alta pressão e alta temperatura (80±5)°C. Nota: Revisão 2017 da NBR IEC 60529 |

Conforme a revisão recente da ABNT NBR IEC 60529 de 30/3/2005: graus de proteção para invólucros de Equipamentos Elétricos (CÓDIGO IP).

| | |
|---|---|
| Letras de Código<br>(Proteção Internacional) | IP |
| Primeiro Numeral Característico<br>(de 0 a 6, ou letra X) | 2 |
| Segundo Numeral Característico<br>(de 0 a 8, ou letra X) | 3 |
| Letra Adicional (Opcional)<br>(letras A, B, C, D) | C |
| Letra Suplementar (Opcional)<br>letras H, M, S, W) | H |

## Significado das letras opcionais e suplementares

| | | |
|---|---|---|
| **Adicional (opcional)** | A | Dorso da mão |
| | B | Dedo |
| | C | Ferramenta |
| | D | Fio |
| **Letra suplementar (opcional)** | H | Equipamento de alta tensão |
| | M | Parte móvel em movimento durante ensaio com água |
| | S | Parte móvel em repouso durante ensaio com água |
| | W | Condições climáticas (INTEMPÉRIE*) |

* **Intempérie:** inclemência de condições meteorológicas ou climatológicas (Conf. *Caldas Aulete*).

## Correspondência entre IP x Nema (aproximada)

| NEMA | | BR / IEC | NEMA | | BR / IEC |
|---|---|---|---|---|---|
| 1 | | IP 20 | 6P | | IP 68 |
| 2 | | IP 21 | 7 | Uso interno * | EX dII |
| 3 | Gelo * | IP 54 | 8 | Uso interno * | EX Dii |
| 3R | Gelo * | IP 24 | 9 | DIP Ex * | IP 65 |
| 3S | Gelo * | IP 54 | 10 | | EX dI |
| 4 | | IP 55 | 11 | Imerso em óleo * | - |
| 4X | Corrosão * | IP 55 | 12 | | IP 52 |
| 5 | | IP 50 | 12 K | | IP 52 |
| 6 | | IP 67 | 13 | Spray frio * | IP 54 |

* Proteção adicional.

## OS EQUIPAMENTOS ELÉTRICOS E ELETRÔNICOS EM RELAÇÃO O SEU TIPO DE PROTEÇÃO

Os *tipos de proteção* para aplicação em atmosferas explosivas de gás ou vapor variam em função da tecnologia construtiva que foi incorporada ao equipamento. As alternativas hoje disponíveis são as seguintes:

### À prova de explosão (Ex d) – NBR IEC 60079-1

#### *Definição*

Equipamento elétrico construído de tal modo que seja capaz de suportar uma pressão de explosão interna sem se romper, e não permite que essa explosão se propague para o meio externo.

#### *Características principais*

- Grande quantidade de parafusos;
- Compromisso de que o "MESG" (Interstício Máximo Experimental Seguro) não seja ultrapassado;
- Rugosidade média máxima nas superfícies dos flanges;
- Entradas de eletrodutos, eixos, manoplas de operação, visores etc., tendo que cumprir com requisitos dimensionais e de materiais;

- Por causa da pré-compressão não permite modificações internas a menos que conste do Certificado de Conformidade;
- Pesados, de montagem mais difícil;
- Aplicação limitada: deve-se evitar grandes volumes e além disso é viável somente para equipamentos de fabricação seriada, tendo em vista a certificação de conformidade.

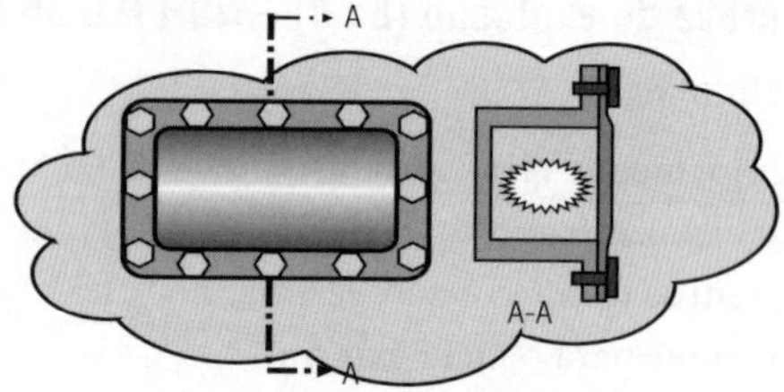


**FIGURA 2.1** À prova de explosão Ex d

**FIGURA 2.2** Peça com rosca

| Volume | | | |
|---|---|---|---|
| $\leq 100cm^3$ | | $>100cm^3$ | |
| Fios de rosca encaixados | Comprimento axial | Fios de rosca encaixados | Comprimento axial |
| $\geq$ 5 fios de rosca | $\geq$ 5mm | $\geq$ 5 fios de rosca | $\geq$ 8mm |

| Grupo do equipamento | Distância mínima |
|---|---|
| IIA | 10mm |
| IIB | 30mm |
| IIC | 40mm |

Distâncias mínimas sem obstrução ao redor do flange de equipamentos Exd

Tabela da NBR IEC 60079-1.

| Tipo da junta | Comprimento L mínimo da junta (mm) | $I_T$ (mm) interstício máximo para invólucros de volume, V ($cm^3$) | | | | | | | | | | | |
|---|---|---|---|---|---|---|---|---|---|---|---|---|---|
| | | V < 100 | | | 100 < V < 500 | | | 500 < V < 2000 | | | V > 2000 | | |
| | | I | IIA | IIB | I | IIA | IIB | I | IIA | IIB | I | IIA | IIB |
| Juntas flangeadas, cilíndricas ou de encaixe | 6 | 0,3 | 0,3 | 0,2 | - | - | - | - | - | - | - | - | - |
| | 9,5 | 0,35 | 0,3 | 0,2 | 0,35 | 0,3 | 0,2 | - | - | - | - | - | - |
| | 12,5 | 0,4 | 0,3 | 0,2 | 0,4 | 0,3 | 0,2 | 0,4 | 0,3 | 0,2 | 0,4 | 0,2 | 0,15 |
| | 25 | 0,5 | 0,4 | 0,2 | 0,5 | 0,4 | 0,2 | 0,5 | 0,4 | 0,2 | 0,5 | 0,4 | 0,2 |

Comprimento mínimo da junta e interstício máximo para invólucros dos grupos I, IIA e IIB

## Comprimento mínimo da junta e interstício máximo experimental seguro para Grupo IIC

| Tipo da junta | Comprimento L mínimo da junta (mm) | $I_T$ (mm) interstício máximo para invólucros de volume, V ($cm^3$) | | | |
|---|---|---|---|---|---|
| | | $V < 100$ | $100 < V < 500$ | $500 < V < 2000$ | $V > 2000$ |
| Juntas flangeadas | 6 | 0,1 | - | - | - |
| | 9,5 | 0,1 | - | - | - |
| | 15,8 | 0,1 | 0,1 | 0,04 | - |
| | 25 | 0,1 | 0,1 | 0,04 | 0,04 |

## Deflagração e detonação

Deflagração é uma explosão com a mistura à pressão atmosférica ou próxima desta, enquanto que numa detonação a mistura está comprimida, resultando num aumento da velocidade de propagação. Numa deflagração, a mistura inflamável queima de forma relativamente lenta. Para misturas de hidrocarboneto-ar a velocidade de deflagração é da ordem de 5 a 30m/s. Para uma detonação, a velocidade de detonação pode chegar de 2.000 a 3.000m/s. Uma detonação gera pressões maiores e é muito mais destrutiva do que uma deflagração. Uma sobrepressão de pico causada pela deflagração de uma mistura hidrocarboneto-ar num vaso fechado é da ordem de 8bar (800kPa). Uma detonação pode gerar sobrepressões de pico da ordem de 20bar (2.000kPa), ou seja, cerca de vinte vezes a pressão atmosférica. Para se ter uma ideia do poder destruidor de uma detonação, com 0,7bar (70kPa) tem-se uma provável destruição de prédios.

Esta é a razão para que nos invólucros à prova de explosão não é permitido modificar o layout interno, pois dependendo da combinação entre partes livres e ocupadas, pode-se gerar uma pré-compressão e uma possível detonação.

## Imerso em óleo (Ex o) – NBR IEC 60079-6

### *Definição*

Equipamento elétrico construído de tal modo que as partes que podem liberar energia suficiente para inflamar uma atmosfera explosiva estão submersas num meio isolante de óleo.

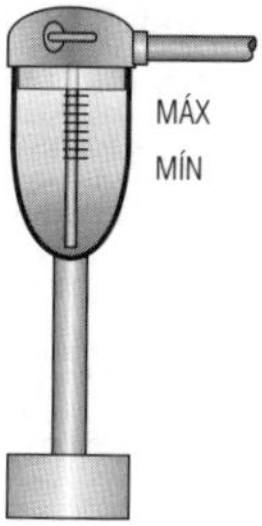


**FIGURA 2.3** Ex o

### *Características principais*

O óleo empregado nessa proteção deve ter um poder dielétrico compatível com o nível de tensão para o qual será aplicado. Esse óleo deve ser controlado em relação à sua qualidade, pois não pode conter contaminantes que possam afetar o seu poder dielétrico.

O grau de proteção mínimo deve ser IP66. Tipo de proteção aplicável a equipamentos que em condições normais de operação não produzam arcos ou centelhas

A norma exige que sejam respeitadas distâncias entre as partes com tensão e o nível do óleo, bem como entre as partes com tensão e as paredes do invólucro. Por essa razão é que esse tipo de proteção somente pode ser aplicado para equipamentos de instalação fixa.

Como o óleo é que garante a segurança na operação do equipamento, é obrigatório que haja na parte externa do invólucro um visor de nível de óleo, para que se possa verificar o nível por simples inspeção visual.

### *Aplicação*

Técnica aplicada, por exemplo, para circuitos eletrônicos em que as placas dos circuitos impressos ficam totalmente imersas em óleo. Isto provê uma excelente proteção contra corrosão. Outras aplicações em equipamentos que possuem enrolamentos.

## Imerso em areia (Ex q) – NBR IEC 60079-5

### *Definição*

Equipamento elétrico construído de tal modo que as partes que podem liberar energia suficiente para inflamar uma atmosfera explosiva estão submersas num meio isolante de quartzo ou vidro.

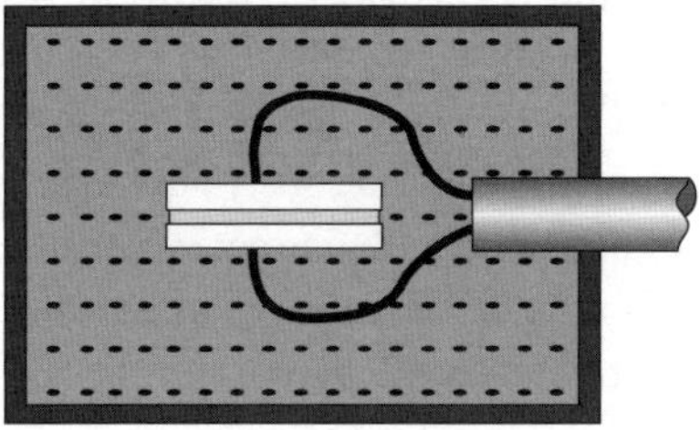

FIGURA 2.4 Ex q

## *Características principais*

- Teor de umidade controlado;
- Faixa granulométrica especificada por norma;
- Distâncias mínimas entre partes com tensão e superfície da areia e entre partes com tensão e parede do invólucro.
- Corrente nominal não superior a 16A.

## *Aplicação*

Técnica empregada para componentes que vem em equipamentos importados. É comum em luminárias para lâmpadas fluorescentes de segurança aumentada terem o reator eletrônico com imersão em areia. Aplicável também para fusíveis, capacitores etc.

## Imerso em resina (Ex m) – NBR IEC 60079-18

### *Definição*

Equipamento elétrico construído de tal modo que as partes que podem liberar energia suficiente para inflamar uma atmosfera explosiva estão submersas num meio isolante de resina.

A norma IEC 60079-18 subdivide o equipamento imerso em resina em três categorias, conforme a seguir:

O equipamento Ex m não é capaz de causar uma ignição em nenhuma das seguintes condições:

CATEGORIA ma (PARA ZONA 0)

- Em condições normais de operação e instalação;
- Em nenhuma das condições anormais especificadas;
- Em condições de falha definidas.

CATEGORIA mb (PARA ZONA 1)

- Em condições normais de operação e instalação;
- Em condições de falha definidas.

CATEGORIA mc (PARA ZONA 2)

- Em condições normais de operação e instalação.

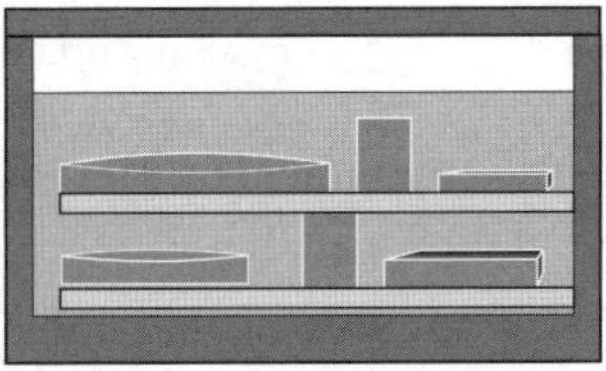

FIGURA 2.5 Ex m

Tanto as condições anormais especificadas quanto as condições de falha definidas são considerações que estão explicadas no corpo da norma.

## *Características principais*

- Material da resina tem que ser pré-testado em laboratório;
- Limite de bolhas de ar internas ao meio;
- Distâncias entre partes com tensão e superfície da resina e partes com tensão e paredes do invólucro.

## *Aplicação*

A aplicação dessa técnica de proteção é principalmente em válvulas solenoides, transformadores de controle, reatores com enrolamento para luminárias de lâmpadas fluorescentes etc. A grande novidade é a possibilidade de aplicação do equipamento imerso em resina de categoria ma em Zona 0.

## Segurança aumentada (Ex e) – NBR IEC 60079-7

### *Definição*

Técnica de proteção aplicável a equipamentos elétricos que em condição normal de operação não produzem centelhamento ou alta temperatura, e em que são aplicadas medidas construtivas adicionais de modo a aumentar a segurança.

O conceito de segurança aumentada foi desenvolvido na Alemanha há mais de 70 anos e mostrou ser um tipo de proteção com uma fantástica aceitação na indústria de processo. Possibilitou inclusive a utilização de invólucros de plásticos, o que trouxe enormes vantagens para instalação, manutenção, além de ter ótima resistência à corrosão.

**FIGURA 2.6** Ex e

### *Características principais*

- Materiais de fabricação com garantia de qualidade assegurada;
- Maiores distâncias de isolação e escoamento;
- Para máquinas rotativas, maiores distâncias de entreferro;
- Dupla camada de impregnação para enrolamentos;
- Diâmetro mínimo de fio para enrolamento;
- Projeto térmico melhorado (fator de segurança);
- Grau de proteção mínimo especificado;
- Resistência a impacto.

### *Aplicação*

- Motores elétricos de indução, gaiola de esquilo;
- Luminárias para lâmpadas fluorescentes;
- Lanternas de mão e luminárias portáteis;
- Terminais de ligação;
- Transformadores;
- Baterias.

Visando ampliar a aplicação desse tipo de proteção, foram desenvolvidos diversos equipamentos e dispositivos que combinam tipos de proteção. Por exemplo: para pequenos disjuntores, chaves rotativas, botões de comando, botões de emergência etc., a proteção é combinada com prova de explosão, ou seja, as partes que podem produzir centelhamento são alojadas em câmaras à prova de explosão herméticas e o restante é construído com o conceito de segurança aumentada.

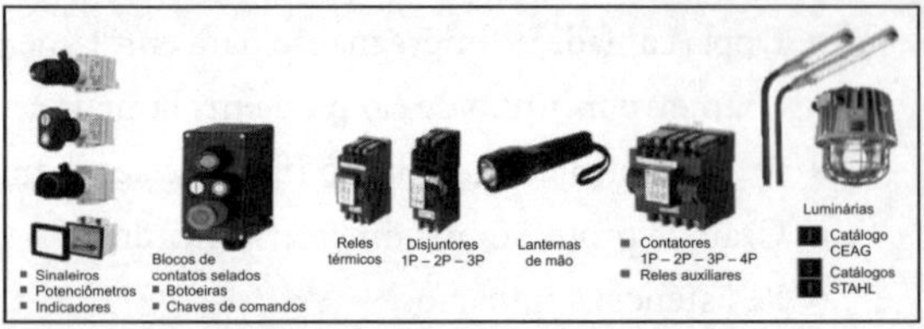


**FIGURA 2.7** Equipamentos Ex e

## Invólucros pressurizados (Ex p) – NBR IEC 60079-2

### *Definição*

Técnica de proteção em que o interior do invólucro é provido com um gás de proteção (ar ou gás inerte) de modo que a pressão esteja superior à pressão externa, impedindo a penetração de algum produto inflamável na forma de gás ou vapor.

## *Características principais*

Os invólucros pressurizados requerem uma fonte de gás de proteção que pode ser o ar ou gás inerte. Além disso, exigem também dispositivos adicionais tais como válvula reguladora de pressão, dispositivo de purga, e pressostato, para desenergização ou alarme em caso de falha da pressurização.

A pressurização de invólucros pode ser como mostrado na Figura 2.8.

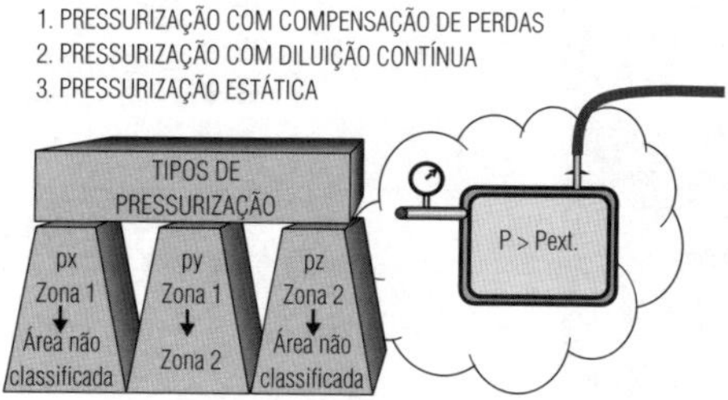


**FIGURA 2.8** Pressurização de invólucros (ex p)

Em revisões recentes da NBR IEC 60079-2, foi modificada a terminologia para invólucros pressurizados, passando a ser adotada:

| Substância inflamável no sistema de contenção | Classificação da área externa (zona) | O invólucro contém dispositivo capaz de causar ignição | O invólucro não contém dispositivo capaz de causar ignição |
|---|---|---|---|
| Sem sistema de contenção | 1 | Tipo px | Tipo py |
| Sem sistema de contenção | 2 | Tipo pz | Não é necessária a pressurização |
| Gás ou vapor | 1 | Tipo px | Tipo py |
| Gás ou vapor | 2 | Tipo px (dispositivo capaz de causar ignição não está localizado na área de diluição) | Tipo py |
| Líquido | 1 | Tipo px (gás inerte) | Tipo py |
| Líquido | 2 | Tipo pz (gás inerte) | Não é necessária a pressurização |

Conforme definição 3.2 da IEC 60079-2: **sistema de contenção** é a parte do equipamento que contém substância inflamável capaz de se constituir numa fonte de risco.

### *Aplicação*

- Painel de controle de compressores;
- Invólucros de instrumentação;
- Motores elétricos;
- Invólucros em geral.

## Segurança intrínseca (Ex i) – NBR IEC 60079-11

### *Definição*

Um circuito, dispositivo ou sistema é considerado como segurança intrínseca quando o mesmo não é capaz de liberar energia suficiente para inflamar uma atmosfera explosiva quer seja em condições normais ou anormais de operação.

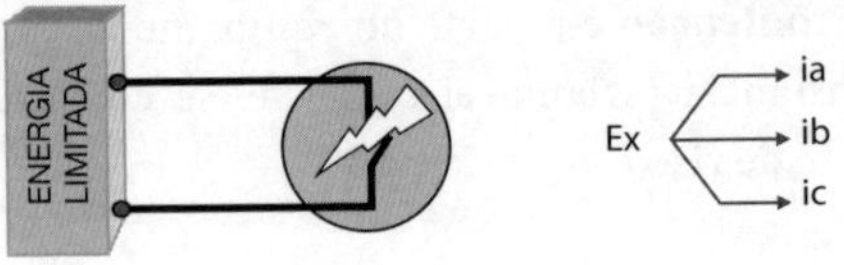


Não libera energia suficiente para causar uma inflamação em condições normais ou anormais de operação.

**FIGURA 2.9** Segurança intrínseca (Ex i)

São definidas três categorias para segurança intrínseca:

CATEGORIA "ia" (para ZONA 0)

- Definição: mantém-se como segurança intrínseca mesmo que ocorram duas falhas consecutivas.

CATEGORIA "ib" (para ZONA 1)

- Definição: mantém-se como segurança intrínseca após uma falha.

CATEGORIA "ic" (para ZONA 2)

- Definição: para uso em Zona 2. Barreira com apenas um diodo zener e um resistor. Introduzida na última revisão da IEC para possibilitar a remoção do conceito energia limitada da IEC 60079-15.

## Características principais

- Premissas de projeto para operação com baixa energia;
- Dispositivo associado para limitar energia;
- Limitação de temperaturas de componentes;
- Análise de circuitos;
- Simulação de defeitos etc.

## Aplicação

Por sua própria definição, os circuitos de segurança intrínseca somente podem ser aplicados para equipamentos que operam com níveis muito baixos de energia. Nesse grupo estão incluídos os equipamentos e dispositivos utilizados em instrumentação e controle. Como atualmente a eletrônica e a microeletrônica estão possibilitando cada vez mais dispositivos que operam com cada vez menos energia, a segurança intrínseca encontrou grande aplicação. A automação e controle de processos industriais em locais com presença de mistura inflamável somente foi possível experimentar essa grande evolução graças ao conceito de segurança intrínseca.

Como há necessidade de limitar a energia entregue ao campo em caso de defeito, obrigatoriamente o uso de segurança intrínseca implica na instalação de um dispositivo associado que limita a energia transferida para o equipamento em caso de falha. Esse dispositivo associado chama-se **barreira de segurança intrínseca**.

O modelo adotado no Brasil é o mesmo da IEC, ou seja, usamos o conceito de entidade, que permite a interligação de instrumentos de campo com barreiras sem que os mesmos tenham sido certificados em conjunto. Para isso é necessário respeitar os critérios de interconexão:

| Barreira | | Campo |
|---|---|---|
| Uo | ≤ | Ui |
| Io | ≤ | Li |
| Co | ≥ | Ci + C cabo |
| Lo | ≥ | Li + L cabo |

A tensão e a corrente que o instrumento pode recebe (Ui e Li) deve ser maior ou igual à tensão e a corrente emitidas pela barreira (Uo e Io).

A capacitância e a indutância do instrumento de campo (Ci e Li), incluindo a dos cabos (Cc e Lc), deve ser menor ou igual à capacitância e à indutância que pode ser conectada com segurança à barreira (Co e Lo).

A aplicação do conceito de segurança intrínseca exige uma qualificação técnica, pois a interligação barreira/instrumento deve ser objeto do resultado de um estudo de parâmetros envolvendo o instrumento, a fonte, a barreira e os cabos de interligação.

Valores típicos de capacitância e indutância dos cabos de interligação entre instrumento/junction box/ barreira:

$C_{cabo} = 110nF/km$

$L_{cabo} = 1mH/km$

Mais recentemente foi desenvolvido o conceito de *Field Bus*, que é uma tecnologia de comunicação industrial. Criado a partir do aparecimento e implementação dos sensores inteligentes de modo a integrar vários tipos de instrumentação digital em campos de comunicação otimizando a performance dos sistemas. O termo "*field bus*" abrange diferentes protocolos para redes industriais. Tal tecnologia é utilizada para substituir o sinal analógico 4-20mA, uma vez que elimina a necessidade de que cada dispositivo tenha seu próprio conjunto de fios e seu próprio ponto de conexão. *Field bus* necessita apenas um par de fios trançados, onde transitam dados de processo e alimentação do instrumento. É possível também utilizar fibra óptica. Isto representa uma enorme economia para a instalação.

## Não acendível (Ex n) – NBR IEC 60079-15

### *Definição*

Um circuito, dispositivo ou sistema é considerado como não acendível quando o mesmo não é capaz de liberar energia suficiente para inflamar uma atmosfera explosiva em condições normais de operação.

A técnica de proteção denominada não acendível é aplicada para equipamentos e dispositivos que em condições normais de operação não produzem centelhamento ou alta temperatura. Como não há obrigatoriedade de limitação de energia em caso de falha, o equipamento não acendível só pode ser aplicado em Zona 2.

Recentes revisões da IEC 60079-15 (não acendível) subdividiram os Ex n em diversos tipos, ou seja:

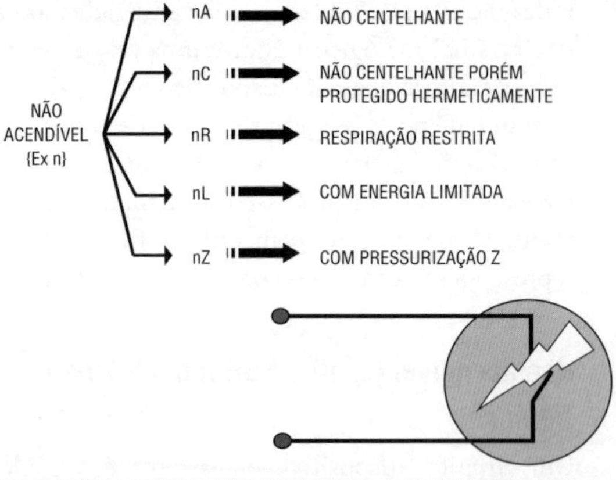


**FIGURA 2.10** Não acendível Ex n

A aplicação desse tipo de proteção é encontrada em motores de indução (gaiola de esquilo), luminárias, baterias, transformadores etc.

## Especial (Ex s)

### *Definição*

Equipamento, dispositivo ou circuito cuja técnica de proteção não é nenhuma das reconhecidas por norma, mas que foi comprovado por ensaio em laboratório que atendem à condições de operação segura em ambiente de área classificada.

O comitê de normalização da IEC criou a proteção especial prevendo que novos tipos de proteção pudessem ser inventados. Nesse caso o documento de certificação seria um **certificado de equivalência**, mencionando que o dispositivo possui um nível de segurança equivalente aos já admitidos por norma.

Exemplo: Um fabricante alemão inventou uma luminária que opera gerando sua própria energia através de uma miniturbina que é acionada por ar comprimido. Essa miniturbina está acoplada a um minigerador. O projeto foi feito com um invólucro à prova de explosão metálico, e o sistema de ar comprimido também pressuriza a luminária. Foi concedido um certificado de equivalência, indicando que aquela luminária poderia ser aplicada inclusive em Zona 0.

## Equipamentos elétricos e eletrônicos em relação ao seu tipo de proteção para aplicação em ambientes com pó combustível

| Tipo de pó | Zona 20 | Zona 21 | Zona22 |
|---|---|---|---|
| Não condutor de eletricidade (Grupo IIIB) | tD A20; tD B20; iaD; maD | tD A20 ou tD A21 tD B20 ou tD B21 iaD ou ibD maD ou mdB pD | tD A20; tD A21 ou tD A22 tD B 20; tD B21 ou tD B22 iaD ou ibD maD ou mbD pD |
| Condutor de eletricidade (Grupo IIIC) | tD A20 tD B20 iaD maD | tD A20 ou tD A21 tD B20 ou tD B21 iaD ou ibD maD ou mdB pD | tD A20 ou tD A21 ou tD A22 IP6X tD B20 ou tD B21 iaD ou ibD maD ou mbD pD |

- *Ex iD* = equipamento de segurança intrínseca;
- *Ex tD* = equipamento protegido por um invólucro, de forma a evitar a ignição de uma nuvem ou camada de poeira;
- *Ex mD* = equipamento imerso em resina;
- *Ex pD* = equipamento com pressurização;
- *A* = método de ensaio (ver tabela a seguir);

- *B* = método de ensaio (ver tabela a seguir);
- *20, 21, 22* = designação de Zona.

| Método A | Método B |
|---|---|
| **Escrito principalmente com requisitos baseados em desempenho** | **Escrito principalmente com requisitos baseados em especificações** |
| A temperatura máxima de superfície é determinada com uma camada de poeira de espessura de 5 mm e as regras de instalação exigem uma margem de 75 K entre a temperatura de superfície e a temperatura de ignição da poeira em questão. | A temperatura máxima de superfície é determinada com uma camada de poeira de espessura de 12,5 mm e as regras de instalação exigem uma margem de 25 K entre a temperatura de superfície e a temperatura de ignição da poeira em questão. |
| Método que determina o grau de proteção contra a penetração de poeira de acordo com a ABNT NBR IEC 60529 – Graus de proteção para invólucros de equipamentos elétricos (código IP) | Método que determina o grau de proteção contra a penetração de poeira de acordo com o ensaio de ciclo térmico. |

## *Limitações de temperatura em presença de nuvens de poeira*

$T_{máx} = 2/3\ T_{CL}$ - onde $T_{CL}$ é a temperatura de ignição mínima da poeira em forma de nuvem ($T_{cloud}$).

## Limitações de temperatura em presença de poeira em forma de camada

A temperatura máxima de superfície dos equipamentos deve ser inferior à temperatura mínima de ignição da poeira específica subtraído do valor de 75º C, para uma espessura de camada de 5 mm.

$$T_{máx} = T_{5mm} - 75^{o}\,C$$

- *IP 5X* = protegido contra entrada de pó (à prova de pó);
- *IP 6X* = totalmente vedado contra a entrada de pó (estanque a pó).

## Marcação

Conforme as normas brasileiras NBR IEC 60079-0 e NBR IEC 60079-26, os equipamentos elétricos para uso em atmosferas explosivas devem ostentar uma marcação obrigatória que segue o mesmo procedimento especificado pela norma IEC 60079-0 Requisitos Gerais. Essa marcação é a seguinte:

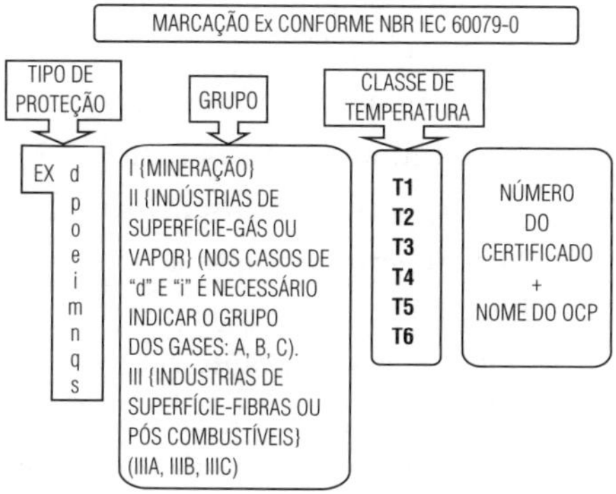


**FIGURA 2.11** Marcação de equipamentos Ex

## *Marcação para equipamentos do grupo III, incluindo o EPL*

A marcação prevista pelas respectivas normas deve ser composta dos seguintes campos:

1. O símbolo "Ex", indicativo de equipamento adequado para área classificada.
2. O respectivo tipo de proteção:
   - "ta": tipo de proteção provido pelo invólucro "t" (para EPL Da, Db ou Dc);
   - "tb": tipo de proteção provido pelo invólucro "t" (para EPL Db ou Dc);

– "tc": tipo de proteção provido pelo invólucro "t" (para EPL Dc);

– "ia": segurança intrínseca (para EPL Da);

– "ib": segurança intrínseca (para EPL Db);

– "ic": segurança intrínseca (para EPL Dc);

– "ma": imerso (encapsulado) em resina (para EPL Da);

– "mb": imerso (encapsulado) em resina (para EPL Db);

– "mc": imerso (encapsulado) em resina (para EPL Dc);

– "p": pressurizado (para EPL Db ou Dc).

**3.** O símbolo do Grupo:

IIIA – fibras combustíveis;

IIIB – poeira combustível não condutora de eletricidade;

IIIC – poeira combustível condutora de eletricidade.

**4.** Temperatura máxima de superfície em graus Celsius precedida da letra "T", como por exemplo: T70°C.

**5.** O nível de proteção do equipamento: "Da", "Db" ou "Dc".

**6.** O grau de proteção "IP" do invólucro, por exemplo: IP 65.

## Classe de temperatura

As classes de temperatura são parâmetros utilizados para que o usuário possa aplicar corretamente o equipamento em área classificada sem que haja o risco de ocorrer a ignição por temperatura de superfície. São definidas 6 classes de temperatura com os valores mostrados na tabela a seguir.

| Classe de temperatura | | | |
|---|---|---|---|
| ABNT/IEC | | U.S.A. (NEC) | |
| Classe de temperatura | Temperatura máxima de superfície (oc) | Classe de temperatura | Temperatura máxima de superfície (oc) |
| T1 | 450 | T1 | 450 |
| T2 | 300 | T2 | 300 |
| | | T2A | 280 |
| | | T2B | 260 |
| | | T2C | 230 |
| | | T2D | 215 |
| T3 | 200 | T3 | 200 |
| | | T3A | 180 |
| | | T3B | 165 |
| | | T3C | 160 |
| T4 | 135 | T4 | 135 |
| | | T4A | 120 |
| T5 | 100 | T5 | 100 |
| T6 | 85 | T6 | 85 |

### *Equipamentos de grupo II para zona 0*

Conforme a IEC 60079-26, de 2004, os equipamentos para Zona 0 podem ser:

- De apenas um tipo de proteção desde que não provoquem ignição mesmo que ocorram duas falhas consecutivas, independentemente uma da outra, ou seja: Ex ia;
- Equipamento com dois tipos de proteção independentes entre si de modo que seja garantido que não haja ignição por um dos tipos de proteção em caso de falha do outro;
- Equipamento encapsulado do tipo com imersão em resina desde que seja do tipo Ex ma.

## Marcação conforme IEC 60079-26

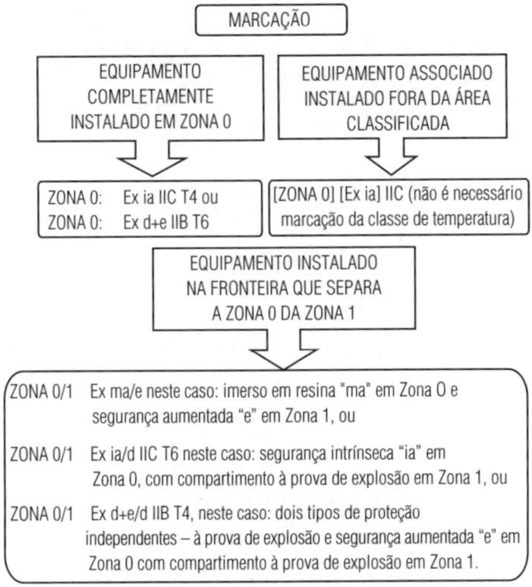


**FIGURA 2.12** Marcação de equipamentos para zona 0

## *Escolha do tipo de proteção Ex em função da área classificada*

| Escolha do tipo de proteção Ex em função da área classificada | | |
|---|---|---|
| **Zona 0** | **Zona 1** | **Zona 2** |
| Ex ma<br>Ex ia<br>Ex y+z (proteção redundante)<br>Ex s (para Zona 0) | Idem Zona 0<br>Ex d<br>Ex p<br>Ex e<br>Ex o<br>Ex q<br>Ex mb<br>Ex ib<br>Ex s (para Zona 1) | Idem Zona 1<br>Ex n<br>Ex ic<br>Ex pz<br>ou uso industrial, desde que:<br>seja não centelhante em condições normais de operação; e<br>$T_{sup} \leq T_{ignição\ gás}$ |

Recente revisão da NBR IEC 60079-14 introduziu o conceito de EPL – Equipment Protection Level, em que a escolha do tipo de proteção em função da área classificada não é exclusivamente baseada numa correspondência biunívoca entre o tipo de proteção e a respectiva Zona, mas sim pode levar em conta também uma análise de risco que pode resultar, dependendo das condições locais, a se aplicar equipamento para Zona 2 em local de Zona 1 ou vice-versa, desde que justificado pela avaliação de risco inerente ao local da instalação.

Por definição EPL significa: nível de proteção proporcionado por um equipamento, baseado no risco de que o mesmo se torne uma fonte de ignição.

| Local da instalação do equipamento Ex | |
|---|---|
| M | Mineração subterrânea (carvão) |
| G | Gás ou vapor |
| D | Pó combustível (Dust) |

| EPL – nível de proteção do equipamento (segunda letra) | |
|---|---|
| a | Altíssimo |
| b | Alto |
| c | Elevado |

Tabela de correspondência do EPL em função do Grupo (ambiente) e da Zona.

| EPL – nível de proteção do equipamento | Grupo | Zona |
|---|---|---|
| Ma | I | --- |
| Ga | II | 0 |
| Da | III | 20 |
| Mb | I | --- |
| Gb | II | 1 |
| Db | III | 21 |
| Gc | II | 2 |
| Dc | III | 22 |

| EPL | Tipo de proteção (Ex) | Categoria/ designação | Norma |
|---|---|---|---|
| Ga | Segurança intrínseca | ia | NBR IEC 60070-11 |
|  | Encapsulado em resina | ma | NBR IEC 60070-18 |
|  | Proteção redundante (cada uma com EPL Gb) | y+z | NBR IEC 60070-26 |
| Gb | À prova de explosão | d | NBR IEC 60070-1 |
|  | Segurança aumentada | e | NBR IEC 60070-7 |
|  | Segurança intrínseca | ib | NBR IEC 60070-11 |
|  | Encapsulado em resina | mb | NBR IEC 60070-18 |
|  | Imerso em óleo | o | NBR IEC 60070-6 |
|  | Pressurizado | px ou py | NBR IEC 60070-2 |
|  | Imerso em areia | q | NBR IEC 60070-5 |

| EPL | Tipo de proteção (Ex) | | Categoria/ designação | Norma |
|---|---|---|---|---|
| Gc | Segurança intrínseca | | ic | NBR IEC 60070-11 |
| | Encapsulado em resina | | mc | NBR IEC 60070-18 |
| | Não acendível "n" | Sem parte centelhante | nA | NBR IEC 60070-15 |
| | | Com parte centelhante | nC | NBR IEC 60070-15 |
| | | Respiração restrita | nR | NBR IEC 60070-15 |
| | | Com energia limitada | nL | NBR IEC 60070-15 |
| | | Pressurizado | pz | NBR IEC 60070-15 |

*Se não tivéssemos defeitos não sentiríamos tanto prazer em notar os dos outros.*

La Rochefoucauld

*Todo homem é culpado do bem que não fez.*

Voltaire

*Depois do silêncio, o que mais se aproxima de expressar o inexprimível é a música.*

Aldous Huxley

# 3

# MÉTODOS DE INSTALAÇÃO (MONTAGEM)

## TIPOS DE ENTRADAS

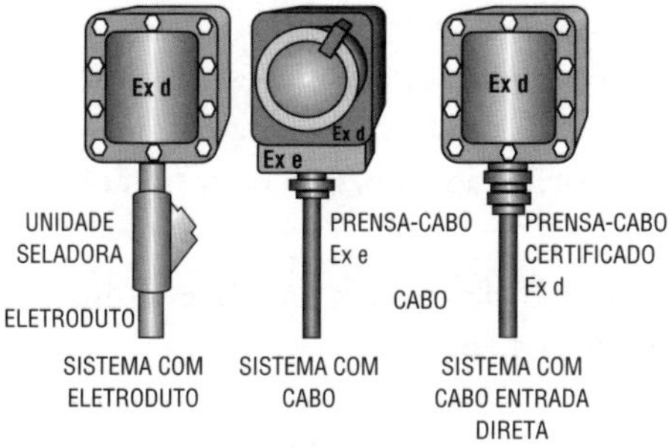


**FIGURA 3.1** Tipos de entrada

## EMPREGO DE UNIDADES SELADORAS

### Critério do invólucro

A unidade seladora é aplicada com o fim de manter uma estanqueidade em relação à pressão de explosão que eventualmente ocorra no invólucro evitando que essa pressão de explosão se propague pelos eletrodutos.

A massa seladora deve ser certificada, bem como o corpo da unidade seladora.

Ao ser aplicada a massa, esta deve ocupar os espaços entre os condutores e para isso deve ser retirada a capa externa do cabo, quando se tratar de cabos múltiplos.

A unidade seladora não deve se situar a mais do que 45cm do invólucro.

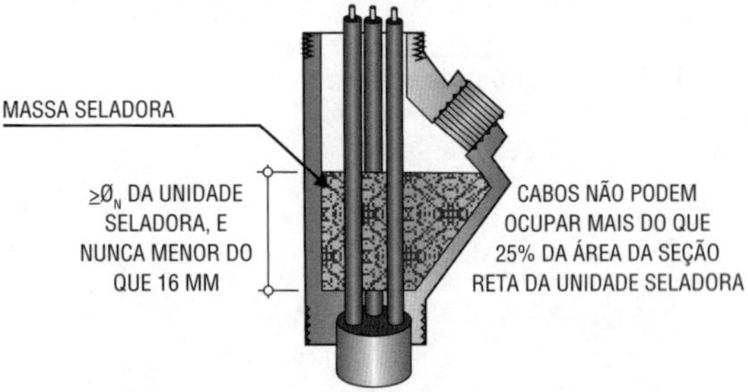


**FIGURA 3.2** Unidade seladora

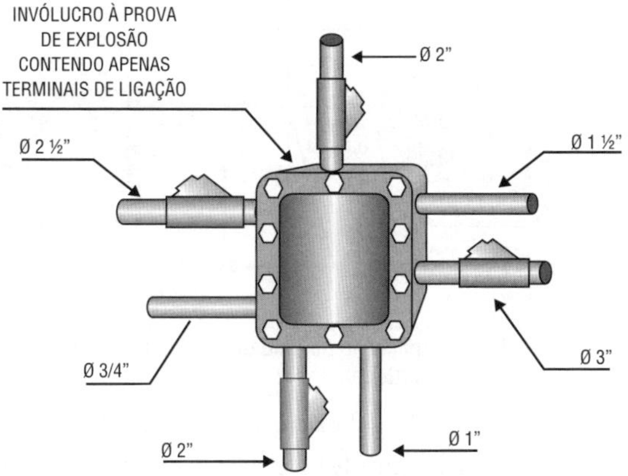


**FIGURA 3.3** Caixa Ex d sem fontes de ignição internas; unidades seladoras somente nos eletrodutos de diâmetro igual ou maior que 2"

## Critério da fronteira

A unidade seladora tem a função de evitar que haja uma contaminação de gás de uma área classificada para uma área não classificada via eletroduto. Nesse caso, a unidade seladora deve ser instalada o mais próximo possível da fronteira, de um lado ou de outro.

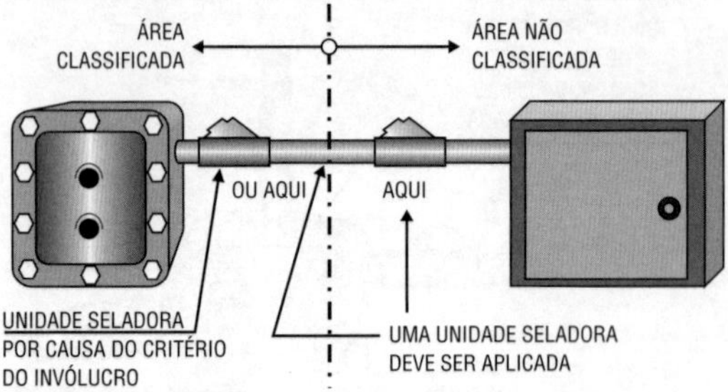


**FIGURA 3.4** Aplicação de unidades seladoras pelo critério da fronteira

No caso de aplicação de prensa-cabos, deve ser respeitada a seguinte orientação, prevista por norma:

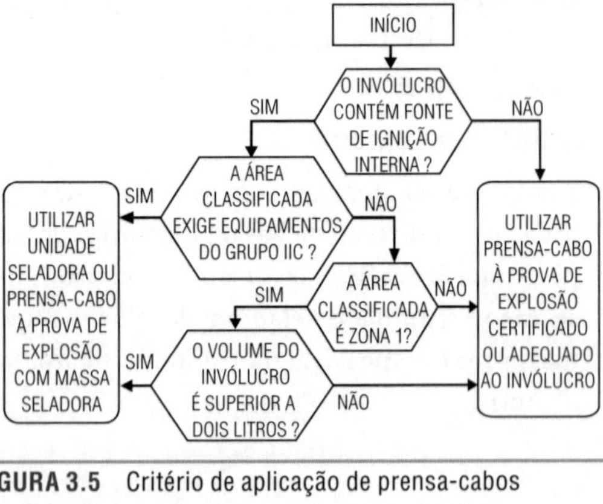


**FIGURA 3.5** Critério de aplicação de prensa-cabos

*É proibido matar: todos os assassinos serão punidos, salvo se matarem em grandes quantidades e ao som de trombetas.*

Voltaire

*Raramente conhecemos alguma pessoa de bom senso além daquelas que concordam conosco.*

La Rochefoucauld

*Nada é mais bem distribuído do que o bom senso. Ninguém julga que precisa mais do que o que já tem.*

Descartes

# 4

# INSPEÇÃO

A inspeção de instalações elétricas em áreas classificadas é regida pela norma brasileira ABNT NBR IEC 60079-17 - Equipamentos Elétricos para Atmosferas Explosivas. Parte 17 - Inspeção e manutenção de instalações elétricas em áreas classificadas, exceto minas (2014). (Harmonizada com a respectiva IEC).

Por definição, a inspeção é reconhecida por seu tipo e grau.

O **tipo** de inspeção é dividido em:

*Inicial* - é a inspeção que é feita antes que a unidade entre em operação;

*Periódica* - é a inspeção que é feita após a entrada em operação da unidade;

*Amostragem* - inspeção feita em um determinado percentual dos equipamentos elétricos, sistemas e instalações.

## SUPERVISÃO CONTÍNUA POR PESSOAL QUALIFICADO

Pressupõe presença frequente de pessoas qualificadas dispensando inspeções periódicas regulares.

O **grau** significa com que profundidade é feita a inspeção e são definidos três graus:

- *Visual* – inspeção feita sem utilização de qualquer tipo de ferramenta, instrumento ou equipamento de acesso (somente não conformidades visíveis podem ser detectadas);
- *Apurada* – cobre todos os requisitos da inspeção visual e acrescenta alguns que são percebidos pelo uso de ferramentas, equipamentos de acesso;
- *Detalhada* – inspeção no nível mais profundo, que exige que o equipamento seja aberto.

O procedimento de inspeção é dividido em duas partes principais. A primeira cuida das definições, normas e documentos de referência, requisitos gerais, recomendações etc.

É dada ênfase ao fato de que a inspeção somente pode ser executada por pessoal qualificado, em cujo treinamento esteja incluídas instruções dos vários tipos de proteção e práticas de instalação, normas e regulamentos relevantes, além dos princípios gerais de classificação de áreas.

A norma não define qual deve ser o intervalo entre as inspeções periódicas, porém recomenda que esse prazo não deve exceder de três anos, sem o parecer de um especialista.

Os equipamentos elétricos móveis (manuais, portáteis e transportáveis) pelo fato de serem mais sujeitos a dano ou mau uso, devem ser submetidos à inspeção apurada pelo menos a cada 12 meses, e os invólucros que sejam frequentemente abertos devem ser submetidos à inspeção detalhada. Além disso:

> *os equipamentos portáteis devem ser inspecionados visualmente pelo usuário, antes do uso, para assegurar que os mesmos não estão visivelmente danificados, oferecendo risco em sua utilização.*

As inspeções devem ser desenvolvidas utilizando-se as LISTAS DE VERIFICAÇÃO que tem um formato conforme mostrado na figura a seguir (o exemplo é para segurança intrínseca):

| Verificar se: | | Grau de inspeção | | |
|---|---|---|---|---|
| A | Equipamento | D | A | V |
| 1 | A documentação do circuito e/ou equipamento está apropriada com os requisitos de EPL/zona do local da instalação | | | |
| 2 | O equipamento instalado é o especificado na documentação (somente equipamentos fixos) | | | |
| 3 | A categoria e o grupo do circuito e/ou equipamento estão corretos | | | |
| 4 | A classe de temperatura do equipamento está correta | | | |
| 5 | A instalação está claramente identificada | | | |
| 6 | O invólucro, as parte de vidro e vedações e/ou compostos de selagem vidro/metal estão satisfatórios | | | |
| 7 | Não existem modificações não autorizadas | | | |
| 8 | Não existem modificações não autorizadas visíveis | | | |
| 9 | As unidades de barreira de segurança, relé e outros dispositivos de limitação de energia são do tipo aprovado, instalados de acordo com os requisitos da certificação e devidamente aterrados, quando requerido | | | |

| | Verificar se: | Grau de inspeção | | |
|---|---|---|---|---|
| A | Equipamento | D | A | V |
| 10 | As conexões elétricas estão apertadas | | | |
| 11 | As placas de circuito impresso estão limpas e não danificadas | | | |
| B | Instalação | D | A | V |
| 1 | Os cabos estão instalados de acordo com a documentação | | | |
| 2 | A blindagem dos cabos está aterrada de acordo com a documentação | | | |
| 3 | Não há danos evidentes nos cabos | | | |
| 4 | A selagem de eletrodutos, dutos e elementos de passagem está satisfatória | | | |
| 5 | Todas as conexões ponto-a-ponto estão corretas | | | |
| 6 | A continuidade de aterramento está satisfatória (por exemplo, as conexões estão apertadas e os condutores têm seção adequada) para circuitos não isolados galvanicamente | | | |
| 7 | As conexões de aterramento mantêm a integridade do tipo de proteção | | | |

| | Verificar se: | Grau de inspeção | | |
|---|---|---|---|---|
| B | Instalação | D | A | V |
| 8 | O aterramento de circuitos intrinsicamente seguros e a resistência de isolação estão satisfatórios | | | |
| 9 | Está mantida a separação entre os circuitos intrinsecamente seguros e os circuitos não intrinsecamente seguros em caixas de distribuição ou painel de relés | | | |
| 10 | Como aplicável, a proteção contra curto-circuito da fonte de suprimento está de acordo com a documentação | | | |
| 11 | As condições especiais de utilização (se aplicáveis) estão atendidas | | | |
| 12 | Os cabos que não estão sendo utilizados estão com os terminais adequadamente isolados | | | |
| C | Ambiente | D | A | V |
| 1 | O equipamento está adequadamente protegido contra corrosão, intempérie, vibração e outros fatores adversos | | | |
| 2 | Não há acúmulo indevido de poeira ou sujeira | | | |

Nessa lista de verificação encontram-se itens que se referem ao equipamento, à instalação, ou seja, tudo que chega e sai do equipamento e itens referentes ao ambiente onde o equipamento está instalado.

Essa norma inclui os formulários para os tipos de proteção: Ex "d", "p", "e", "i" e "n". Para os outros tipos de proteção o formulário deve ser desenvolvido.

Nas colunas à direita, vemos as indicações "D", "A" e "V", que significa: Detalhada, Apurada e Visual. Uma vez escolhido o grau de inspeção, os itens a serem verificados serão apenas os que tiverem marcação na respectiva coluna.

*Se minha teoria da relatividade tiver*
*êxito comprovado, a Alemanha*
*afirmará que sou alemão e a França*
*declarará que sou um cidadão*
*do mundo. Caso a minha teoria*
*não seja comprovadamente correta,*
*a França dirá que sou alemão*
*e a Alemanha irá sustentar*
*que sou judeu.*

Einstein

*Num país bem governado, a pobreza*
*é algo que deve causar vergonha;*
*num país mal governado, a riqueza é*
*algo que deve causar vergonha.*

Confúcio

*Quem abre uma escola*
*fecha uma prisão.*

Victor Hugo

# 5

# A NOVA NR-10 E AS INSTALAÇÕES Ex

## DADOS ESTATÍSTICOS SOBRE ACIDENTES

Menciona-se o índice de 13,5 óbitos / 100.000 trabalhadores, tendo ocorrido uma redução de 32% de 1998 para 2003.

O índice de acidentes no Brasil é 2,7 vezes maior do que a média mundial do número de acidentes nos países desenvolvidos.

| | 2000 | 2001 | 2002 | 2003 |
|---|---|---|---|---|
| Massa trabalhadora | 101 mil | 97 mil | 96 mil | 96 mil |
| Mortes no trabalho | 64 | 77 | 85 | 88 |
| % mortes x massa trabalhadora | 0,063% | 0,080% | 0,088% | 0,091% |

Fonte: Fundação COGE Gerência de Projetos de Segurança e Saúde no Trabalho.

> "10.1.2 Esta NR se aplica às fases de geração, transmissão, distribuição e consumo, incluindo as etapas de projeto, construção, montagem, operação, manutenção das instalações elétricas e quaisquer trabalhos realizados nas suas proximidades, observando-se as normas técnicas oficiais estabelecidas pelos órgãos competentes e, na ausência ou omissão destas, as normas internacionais cabíveis."

Antes da nova NR-10, pela nossa legislação, todo profissional habilitado em eletricidade ou eletrônica, poderia exercer sua atividade em qualquer ambiente, incluindo aqueles com risco de presença de mistura inflamável (áreas classificadas).

Como nas escolas de engenharia e escolas técnicas não há nenhuma cadeira sobre instalações elétricas/eletrônicas em áreas classificadas, então legalmente o profissional era: *Habilitado sem ser qualificado.*

RESULTADO:

- Maiores chances de serem geradas não conformidades;
- Não conformidades em instalações Ex., podem significar: incêndios ou explosões.

## As principais exigências da nova NR-10 que impactam as áreas classificadas

NO PRONTUÁRIO DAS INSTALAÇÕES:

- Qualificação, habilitação, capacitação, autorização dos profissionais e dos treinamentos realizados;
- Certificações de materiais e equipamentos Ex;
- Relatório de auditoria de conformidade da instalação em relação à NR-10.

NA ATIVIDADE:

- 10.9.4 – Nas instalações elétricas de áreas classificadas ou sujeitas a risco acentuado de incêndio ou explosões, devem ser adotados dispositivos de proteção, como alarme e seccionamento automático para prevenir sobretensões, sobrecorrentes, falhas de isolamento, aquecimentos ou outras condições anormais de operação.
- 10.9.5 – Os serviços em instalações elétricas nas áreas classificadas somente poderão ser realizados mediante permissão para o trabalho com liberação formalizada, conforme estabelece o item 10.5 ou supressão do agente de risco que determina a classificação da área.
- 10.9.2 – Os materiais, peças, dispositivos, equipamentos e sistemas destinados à aplicação em instalações

elétricas de ambientes com atmosferas potencialmente explosivas devem ser avaliados quanto à sua conformidade, no âmbito do Sistema Brasileiro de Certificação.

### *No treinamento*

> "10.8.8.4 Os trabalhos em áreas classificadas devem ser precedidos de treinamento específico de acordo com risco envolvido."

## 1. Curso básico – segurança em instalações e serviços com eletricidade

Carga horária mínima – 40 horas

Programação Mínima

## 2. Curso complementar – segurança no sistema elétrico de potência

Carga horária mínima – 40 horas

Programação Mínima

Treinamento

curso básico

10. Riscos adicionais.

a. Altura;

b. Ambientes confinados;

c. Áreas classificadas;

d. Umidade;

e. Condições atmosféricas.

DEFINIÇÃO DOS PROFISSIONAIS:

- *Qualificado* – comprovação de conclusão de curso específico na área elétrica reconhecido pelo Sistema Oficial de Ensino;
- *Legalmente habilitado* – qualificado e com registro no CREA;
- *Capacitado* – treinado por profissional habilitado e autorizado; trabalha sob a responsabilidade de um profissional habilitado e autorizado;
- *Autorizados* – habilitados ou capacitados com anuência formal da empresa;
- Todo profissional autorizado deve portar identificação visível e permanente contendo as limitações e a abrangência de sua autorização;
- Condição de autorizado consignada no sistema de registro de empregado da empresa;
- *Treinamento de reciclagem bienal.*

## Habilitação, qualificação, capacitação e autorização dos trabalhadores segundo a NR-10

O funcionário Qualificado Profissionalmente através do Sistema Oficial de Ensino se torna Habilitado quando passa a dispor do seu registro no Conselho, tornando-se Autorizado quando recebe Treinamento em Segurança do Trabalho.

O funcionário Qualificado por Ocupação se torna Autorizado quando recebe Treinamento em Segurança do Trabalho.

O funcionário Qualificado Profissionalmente através de Formação na Empresa se torna Habilitado quando recebe Capacitação Específica Dirigida sob responsabilidade de um profissional habilitado e se torna Autorizado quando recebe Treinamento em Segurança do Trabalho.

*Importante* – Responsabilidade solidária entre contratantes e contratadas:

> "10.13.1 – Responsabilidades solidárias."

VALENDO O CONCEITO:

- *Culpa in eligendo* – proveniente da falta de cautela ou previdência na escolha de empresa ou pessoa a quem confia a execução de um ato ou serviço.

- *Culpa in vigilando* – aquela ocasionada pela falta de diligência, atenção, vigilância, fiscalização ou quaisquer outros atos de segurança do agente, no cumprimento do dever, para evitar prejuízo a alguém.

> "10.13.2 É de responsabilidade dos contratantes manter os trabalhadores informados sobre os riscos a que estão expostos, instruindo-os quanto aos procedimentos e medidas de controle contra os riscos elétricos a serem adotados."
>
> "10.13.2 O trabalhador tem o direito de saber dos riscos, o empregador tem a obrigação de informá-los ainda sobre responsabilidade."
>
> "10.13.4 Cabe aos trabalhadores:
>
> a) zelar pela sua segurança e saúde e a de outras pessoas que possam ser afetadas por suas ações ou omissões no trabalho;
>
> b) responsabilizar-se junto com a empresa pelo cumprimento das disposições legais e regulamentares, inclusive quanto aos procedimentos internos de segurança e saúde; e
>
> c) comunicar, de imediato, ao responsável pela execução do serviço as situações que considerar de risco para sua segurança e saúde e a de outras pessoas."

## A responsabilidade civil e criminal aplicada à segurança em instalações e serviços com eletricidade

Código Penal

Crimes contra a pessoa:

- Homicídio Culposo art.121 § 3º.
- Lesões Corporais art. 129 e §§.
- O art. 132, que se constitui numa verdadeira medida prática na prevenção de acidentes de trabalho:

> "Expor a vida ou a saúde de outrem a perigo direto ou iminente: Pena – detenção de três meses a um ano se o fato não se constitui crime mais grave."

Código Civil – Dos atos ilícitos

> "Art. 186 – Aquele que, por ação ou omissão voluntária, negligência ou imprudência, violar direito e causar dano a outrem, ainda que exclusivamente moral, comete ato ilícito."

E, portanto, fica obrigado a reparar o dano (art. 927).

## *O que estabelece o novo código civil*

> "Da Responsabilidade Civil
>
> Da Obrigação de Indenizar.

> Art. 927 § único. Haverá obrigação de reparar o dano, independentemente de culpa (...), quando a atividade normalmente desenvolvida pelo autor do dano implicar, por sua natureza, risco para os direitos de outrem."

## *Responsabilidade objetiva*

Antes do novo Código Civil, o dano causado só seria indenizável em sentido subjetivo, ou seja, quando o Agente age com negligência ou imprudência.

Agora está positivada a responsabilidade objetiva com a obrigação da indenização sem culpa, considerando-se que certas atividades do homem criam um risco especial para outros homens.

## Responsabilidade do empregador

Em caso de acidente de trabalho, no que tange à ação indenizatória, não se exigirá a indagação ou demonstração de culpa do empresário, seus prepostos ou da própria vítima. Aqui também a responsabilidade é objetiva.

O empregador que realiza serviços em ambiente sujeito a perigos (sem condições de segurança), responde civil e criminalmente em caso de acidente.

O empregador, incorporador ou empreendedor, mesmo idôneo e responsável, que negligencia a contratação (*culpa in eligendo*) e ou a supervisão (*culpa in vigilando*) de instalador, montador ou qualquer prestador de serviço, acaba sempre tendo que responder, muitas vezes diretamente, pela responsabilidade de seu contratado.

Art. 630 da CLT:

> "§ 3°: O agente de inspeção do trabalho terá livre acesso a todas as dependências dos estabelecimentos sujeitos ao regime da legislação trabalhista, sendo as empresas, por seus dirigentes seus prepostos, obrigadas a prestar-lhe os esclarecimentos necessários ao desempenho de suas atribuições legais e a exibir-lhe, quando exigidos, quaisquer documentos que digam respeito ao fiel cumprimento das normas de proteção ao trabalho."
>
> "§ 8°: As autoridades policiais, quando solicitadas, deverão prestar aos Agentes da Inspeção do Trabalho a assistência de que necessitem para o fiel cumprimento de suas atribuições legais."

*De tanto ver triunfar as nulidades,*
*de tanto ver prosperar a desonra, de*
*tanto ver crescer a injustiça.*
*De tanto ver agigantarem-se os*
*poderes nas mãos dos maus,*
*o homem chega a desanimar-se*
*da virtude, a rir-se da honra e a ter*
*vergonha de ser honesto.*

Ruy Barbosa

*Transportai um punhado de terra*
*todos os dias e fareis uma montanha.*

Confúcio

*Quem não tem moral,*
*não tem direitos.*

Sêneca

*Tente mover o mundo. O primeiro*
*passo será mover a si mesmo.*

Platão

# 6

# CERTIFICAÇÃO DE EQUIPAMENTOS Ex

## CERTIFICAÇÃO Ex NO BRASIL – HISTÓRICO

*Anos 50...*

- Início da indústria de processo no Brasil. "Testes" em equipamentos à prova de explosão apenas. Único laboratório IEE-USP (voluntário o "teste") e de forma amadora. Normas UL (USA).

*Anos 80...*

- Montagem das plataformas da Bacia de Campos.
- CT-31 da ABNT inicia seus trabalhos. Normas brasileiras conforme IEC.
- Época de falsificação de certificados e de produtos. Certificados do IPT incompletos (feitos no próprio fabricante, Peterco).

*Ano de 86 até hoje ...*

- Inauguração do labex (16/12/86) com capacitação para efetuar todos os ensaios previstos pelas normas brasileiras e da IEC.
- Publicada a Resolução CONMETRO 02/97, que reformulou o SBC e aprovou o Termo de Referência do Sistema Brasileiro de Certificação.

**Publicadas as Portarias:**

– 164/91, de 16/7/91;
– 039/93, de 05/2/93;
– 238/94, de 29/12/94;
– 121/96, de 24/7/96;
– 176/00, de 17/7/00;
– 083/06, 03/4/2006;
– 179/10, de 18/5/2010.

*Portaria 164, de 16.07.91*

- Torna obrigatória a certificação de equipamentos Ex no Brasil (fabricados no Brasil ou no exterior). Estabelece modelo 3. (Ensaio de tipo + ensaio em amostras coletadas no fabricante.)

*Portaria 039, de 05/3/93*

- Aceita certificados do IEE-USP e do CEPEL/LABEX até 31/12/94, desde que conclusivos. (Exclui os do IPT.)

*Portaria 238, de 29/12/94*

- Exige revalidação dos certificados até 23/7/96 por OCP. Dá prazo para implantar sistema da qualidade. Define critério para equipamento importado. (Anexo 2 do Regulamento.)

*Portaria 121, de 24/7/96*

- Valida por um ano os certificados que atendam:
  - emitidos pelo CEPEL, IEE-USP e UCIEE;
  - indiquem conformidade com a NBR 9518, além da norma específica.
- Após, somente se emitido por OCP. (Dispensa da certificação unidades marítimas importadas de petróleo.)

*Portaria 176, de 17/7/00*

- Modifica a redação da Port. 121, acrescentando a necessidade da certificação de "acessórios e componentes" para atmosferas explosivas.

*Portaria 083, de 03/4/06*

- Modifica a redação da Port. 176, acrescentando "na forma de gases e vapores inflamáveis", inclui filtros prensa de óleo diesel e bombas abastecedoras. Anexa o RAC – Regulamento de Avaliação da Conformidade. Destaques:

– São definidas como "situações especiais" os casos abaixo relacionados:
  – equipamentos elétricos ou componentes elétricos que fazem parte de máquinas, equipamentos ou instalações do tipo "*skid mounted*";
  – lotes de até 25 (vinte e cinco) unidades cobertas pelo mesmo certificado.

- Embora mantida a quantidade máxima de 25 unidades cobertas pelo mesmo certificado, ficou excluída da importação em pequenas quantidades os seguintes equipamentos e componentes: *acessórios de instalação, luminárias, lanternas de mão, projetores, invólucros vazios, caixas de ligação, válvulas solenoides, componentes para sinalização e comando e motores (exceto motores Ex d certificados para uso com inversores de frequência).*
- Necessidade de ser aplicada uma etiqueta para equipamentos importados em pequenas quantidades. Essa etiqueta será disponibilizada pelo Inmetro, porém afixada pelo OCP emissor da referida DIPQ. A etiqueta será regulamentada por Portaria Específica.
- A regularização de produtos já internalizados só poderá ser feita por certificação de lote. O Inmetro

deverá ser informado quando o OCP identificar que o produto já estiver internalizado, para que sejam tomadas as medidas legais.

- No caso de "*skid*" já internalizado, para a sua regularização, deverá ser realizada a certificação no SBAC, inclusive identificando pontualmente todos os equipamentos elétricos que fazem parte do "*skid*" e indicando o local onde o "*skid*" está instalado.

## *Exceções à obrigatoriedade da certificação Ex*

- Importação de equipamentos em situação especial, e o OCC emitirá uma declaração se atender cumulativamente:
  - Tenham certificado Ex de origem, ou outro equivalente no país e certificado ISO 9001/2;
  - Apresentem ao OCP a proforma Invoice ou invoice ou pedido de compra;
  - Outros documentos que o OCP julgue necessários;
  - Fabricante deve atestar que não solicitou a outro OCP nos últimos três meses, declaração para o mesmo produto.

*Portaria 179, de 18/5/2010 – pontos de destaque*

## 1. Ampliação e atualização das referências normativas sobre atmosferas explosivas

Foram incluídas todas as Normas técnicas ABNT NBR IEC e IEC sobre atmosferas explosivas para gases e poeiras como normas de referência ao novo Regulamento, a serem utilizadas como base normativa para a avaliação, ensaios e certificação de equipamentos "Ex".

Para fins comparativos da evolução normativa sobre atmosferas explosivas no âmbito da ABNT e da IEC, pode ser verificado que o RAC "Ex" vigente até então, publicado em 2006, continha **15** normas técnicas como referências normativas, ao passo que o novo RAC "Ex" publicado em 2010 contém **41** normas técnicas como referências normativas.

## 2. Introdução de mecanismos para certificação de produtos "Ex" de acordo com normas atualizadas publicadas pela ABNT e da IEC

> "Na publicação da Norma Técnica Brasileira NBR (NBR IEC ou NBR NM) revisada e correspondente à Norma IEC relacionada neste capítulo, essa Norma Técnica Brasileira passará a vigorar em substituição à correspondente Norma IEC aqui relacionada."

> "Os equipamentos fabricados em atendimento à última versão da Norma IEC deverão ser certificados em atendimento a este RAC e seus desvios validados pela Comissão de Certificação do respectivo OCP."

Esses mecanismos visam atender a solicitações generalizadas de OCPs, Laboratórios de Ensaios, fabricantes e usuários, que desejam utilizar as versões atualizadas das Normas que são frequentemente publicadas pela IEC e pela ABNT, não necessitando ficarem "engessados" nas revisões das Normas indicadas na Portaria.

Deve ser ressaltado que as edições das normas que são indicadas nesta Portaria representam apenas uma fotografia do estado das normas no momento de sua elaboração, as quais já se mostram desatualizadas em relação às normas vigentes na data da sua publicação.

## 3. Referências normativas para os serviços de classificação de áreas, projeto, montagem e manutenção de instalações "Ex" e de serviços de reparos, revisão e recuperação de equipamentos "Ex"

Foram incluídas como referências na base normativa as Normas nacionais não somente aplicáveis à certificação de equipamentos "Ex", mas também sobre serviços de classificação de áreas (ABNT NBR IEC 60079-10-1), projeto, seleção, montagem (ABNT NBR IEC 60079-14), inspeção e manutenção (ABNT NBR IEC 60079-17), e reparo, revisão, recuperação e modificações de equipamentos "Ex" (ABNT NBR IEC 60079-19).

Isto representa um grande avanço em termos legais, uma vez que sinaliza que a segurança das instalações "Ex" e das pessoas envolvidas não depende somente de produtos "Ex" certificados.

## 4. Novos tipos de proteção considerados na certificação compulsória

Foram incluídos no regulamento da certificação de produtos todos os tipos de proteção "Ex" indicados em todas as normas nacionais equivalentes (ABNT NBR IEC) e internacionais (IEC) para gases inflamáveis e **poeiras combustíveis**.

Podem ser citados, como novidades, os requisitos de certificação de Casas de Analisadores com Ventilação Artificial (ABNT NBR IEC 60079-16), Equipamentos com EPL Ga (ABNT NBR IEC 60079-26), Fieldbus intrinsecamente seguros - FISCO (ABNT NBR IEC 60079-27), Proteção de equipamentos e sistemas de proteção que utilizam radiação óptica

(ABNT NBR IEC 60079-28), proteção por invólucro para poeiras combustíveis Ex "t" (IEC 60079-31) e lanternas para capacetes para utilização em minas sujeitas a grisu (ABNT NBR IEC 62013-1).

## 5. Extinção do DIPQ

Foi extinta a sistemática de avaliação documental e inspeção de equipamentos "Ex" importados pelo processo de **DIPQ** (**Declaração de Importação em Pequenas Quantidades**).

## 6. Introdução do modelo de situações especiais para produtos importados

Foi introduzido um novo modelo de avaliação e inspeção de produtos "Ex" importados, que consiste em avaliação técnica documental e inspeção pelo OCP, o qual deve se certificar que os produtos estão de acordo com a documentação analisada. Nesse modelo não há avaliação de manutenção da certificação.

## 7. Restrição de quantidade e prazo para a importação de equipamentos "Ex" sem certificação brasileira

Foi reduzida a quantidade e houve um maior rigor no prazo dos intervalos para importação de materiais

"Ex" estrangeiros em casos especiais, sem certificação nacional. A quantidade foi **reduzida de 25 para 20 unidades** e o intervalo entre importações foi **ampliado de três meses para seis meses.**

## 8. Possibilidade de importação de produtos "Ex" seriados, em situações especiais, desde que estejam contidos em "*skid*"

Foi introduzida a possibilidade de importação de produtos "Ex" em situações especiais, sem certificação nacional, dentro das restrições apresentadas de quantidades e de prazos, mesmo para equipamentos "seriados", tais como instrumentos, luminárias e motores, mesmo que existam produtos similares certificados no mercado nacional, desde que os produtos importados façam parte de unidade modular de processo ("*skid*").

## 9. Emissão de certificado de conformidade brasileiro com base na análise de relatórios de ensaios realizados por laboratório integrante do IECEx

Foi incluída a possibilidade de emissão de certificado de conformidade brasileiro com base na avaliação, por OCP nacional, de Relatório de Ensaio (**ExTR**

- **Testing Report**), emitido por laboratório de Ensaio (**ExTL - Testing Laboratory**) acreditado pelo **IECEx System**. O Brasil é membro do IECEx desde 01/2009.

As informações gerais sobre produtos certificados pelo IECEx (incluindo certificado de conformidade, relatórios de ensaios e relatórios de avaliação de sistema de gestão da qualidade) são disponibilizadas para acesso público e podem ser obtidas no banco de dados "on-line", disponíveis no seguinte endereço da Internet: http://iecex.iec.ch.

São disponibilizados nesse banco de dados documentação de certificação de conformidade não somente de equipamentos "Ex", mas também de oficinas de serviços de reparos de equipamentos "Ex" e de competências pessoais para atmosferas explosivas.

## 10. Certificação compulsória de equipamentos "Ex" para atmosferas explosivas de poeiras combustíveis

Além da já "tradicional" certificação de equipamentos para gases inflamáveis, a atual edição do RAC introduz também a certificação compulsória para **equipamentos elétricos e eletrônicos para *poeiras combustíveis***.

Dessa forma, os equipamentos elétricos e de instrumentação passam também a requerer certificação compulsória para instalação em áreas classificadas de acordo com os requisitos da Norma **IEC 60079-10-2**, tais como **Zona 20**, **Zona 21** e **Zona 22**, ou em áreas que requeiram equipamentos com **EPL Da**, **Db** ou **Dc**.

Assim sendo, passam a requer certificação de conformidade equipamentos com tipos de proteção "Ex" tais como "**pD**" (**ABNT NBR IEC 61241-4**), "**iD**" (**IEC 61241-11**), "**mD**" (**IEC 61241-18**) e "**t**" (**IEC 60079-31**).

## 11. Marcação "Ex" de acordo com os requisitos internacionais sem detalhes ou restrições específicas para o mercado brasileiro

A marcação dos equipamentos "Ex" passa estar de acordo com os requisitos indicados na Norma **ABNT NBR IEC 60079-0**.

A marcação, doravante, deve incluir também a indicação do **EPL** (E*quipment Protection Level*) atribuído pelo OCP em conjunto com o laboratório de ensaios e o fabricante.

Foram excluídas da marcação nacional de equipamentos "Ex" as letras de prefixo "*BR*". Esse requisito tem por finalidade alinhar a marcação brasileira com os requisitos normativos nacionais (Série ABNT NBR IEC 60079) e internacionais (Série IEC 60079 e IECEx).

Essa mudança tem também como finalidade a não introdução de barreiras técnicas ou legais na comercialização de equipamentos nacionais ou estrangeiros para atmosferas explosivas.

## 12. Avaliação do sistema de garantia de qualidade do fabricante de equipamentos "Ex" com base em documento operacional do IECEx

Foi introduzido, no Anexo A, os requisitos mínimos específicos para o sistema de gestão e de controle de qualidade de fabricantes de equipamentos "Ex".

Esses requisitos complementam os requisitos indicados na Norma **ABNT NBR ISO 9001** e são baseados no Documento Operacional **IECEx OD 005** (IECEx *Operational Document: Quality System Requirements for Manufacturers*). Esses requisitos estarão contidos no projeto de Norma **ABNT NBR ISO/IEC 80079-34: Atmosferas explosivas - Parte 34: Aplicação de sistemas de qualidade para equipamentos elétricos e não elétricos**, que se encontra em processo de elaboração pela Comissão de Estudo CE 03:031.05 do Subcomitê SC-31 do COBEI.

## 13. Determinação de prazo para adequação de serviços de reparos de equipamentos "Ex"

Foi determinado um prazo máximo de até 36 (trinta e seis) meses, após a publicação da Portaria (até 18/5/2013), para que os equipamentos "Ex", nas condições de gases e vapores inflamáveis e poeiras combustíveis, que necessitarem de *serviços de reparos*, para fins de comercialização, para se adequarem aos requisitos do novo RAC "Ex".

## 14. Considerações gerais sobre o processo de evolução de certificação de equipamentos, serviços e competências pessoais em atmosferas explosivas

Com a publicação desse novo RAC "Ex" será cancelado e substituído, a partir de 18/5/2011, o RAC até então vigente, publicado pela Portaria INMETRO 083, em 03/4/2006.

Deve ser ressaltado que, do ponto de vista dos usuários dos equipamentos e instalações "Ex", os contratos, especificações técnicos e demais documentos que referenciem a necessidade de atendimento da legislação vigente sobre os sistemas de certificações de conformidade para atmosferas explosivas devem ser devidamente revisados e atualizados, de forma a passar a referenciar esta nova Portaria.

Deve ser observado, por outro lado, que enquanto a fabricação de novos equipamentos "Ex" seja geralmente um processo bem controlado e submetido a sistemas de certificação e a regulamentos legais, os níveis requeridos de competência para as atividades de estudos de classificação de áreas, seleção e especificação de equipamentos "Ex", e serviços de projeto, montagem, inspeção e manutenção de instalações "Ex", bem como os serviços de reparos, revisão e recuperação de equipamentos "Ex" não são processos tão bem controlados.

Pode ser observado que essas lacunas em termos de competências pessoais frequentemente levam as pessoas responsáveis envolvidas em tais atividades a deficiências básicas nos conhecimentos e habilidades requeridos, o que compromete os níveis de segurança de toda a cadeia de atividades e consequentemente das instalações "Ex" em uma grande quantidade de plantas das áreas de petróleo, gás, petroquímica, álcool, química, farmacêutica e de alimentos, não somente no Brasil, mas também em diversos países do mundo.

Dessa forma, cada vez mais se torna evidente que somente a existência de um programa de avaliação de conformidade para a certificação de *equipamentos* "Ex" não é suficiente para garantir os elevados níveis de segurança requeridos nessas instalações industriais.

Deve ser verificado, na verdade, que *de pouco adianta que os equipamentos "Ex" tenham sido devidamente certificados* se estes não são devidamente instalados, inspecionados, mantidos e reparados, ao longo dos anos ou décadas em que permanecem instalados em áreas de risco. Pode ser verificado que a certificação de produtos "Ex" não atende o seu objetivo final de segurança das instalações se as pessoas envolvidas nesse processo não possuem os devidos conhecimentos, treinamentos, habilidades, experiências, qualificações e competências para a execução dos necessários serviços de projeto de instalação, seleção, especificação técnica, parecer técnico, montagem, inspeção, manutenção (preditiva, preventiva e corretiva) e serviços de reparo, revisão e recuperação desses equipamentos e instalações "Ex".

Os elevados níveis de não conformidade que são constantemente verificados nas inspeções e auditorias que são realizadas nessas instalações industriais em atmosferas explosivas demonstram a falta de competências pessoais "Ex" dos empregados e das empresas terceirizadas prestadoras de serviços de instalação, inspeção, manutenção e reparo de instalações e equipamentos elétricos e de instrumentação em áreas classificadas contendo atmosferas explosivas de gases inflamáveis e de poeiras combustíveis.

Dessa forma, além dos requisitos do já "tradicional" programa de certificação de equipamentos "Ex", publicado no Brasil desde 1991, existe também a necessidade de que o Inmetro, juntamente com os organismos de certificação de produtos, organismos de certificação de pessoas, entidades e empresas diretamente envolvidas no assunto, deem um segundo passo, iniciando os trabalhos para o estabelecimento de programas voluntários de certificação para oficinas de serviços de reparos de equipamentos "Ex" e de competências pessoais para atmosferas explosivas, tendo como base normativa as Normas técnicas da ABNT e da IEC e as sistemáticas utilizadas pelos sistemas internacionais de certificação já elaborados pelo IECEx, do qual o Brasil é membro.

Deve ser ressaltado ainda que se encontra em elaboração, por parte do TC-31 da IEC, as normas técnicas internacionais sobre requisitos de proteção para *equipamentos não elétricos (equipamentos mecânicos)* para atmosferas explosivas. As novas normas internacionais da Série ISO/IEC 80079, as quais contam inclusive com a participação do Brasil no processo de elaboração, comentários e aprovação. Assim sendo, o próximo RAC "Ex" a ser publicado pelo Inmetro deve também levar em consideração a certificação de equipamentos mecânicos para atmosferas explosivas, tendo como base normativa as respectivas normas internacionais sobre o tema, uma vez que equipamentos mecânicos representam fontes de ignição de atmosferas explosivas tanto quando equipamentos elétricos ou eletrônicos.

## ESTRUTURA DA CERTIFICAÇÃO Ex

**FIGURA 6.1** Estrutura da Certificação Ex no Brasil

*O tempo é o melhor autor. Sempre encontra um final perfeito.*

Charles Chaplin

*É preciso viver, não apenas existir*

Plutarco

*Um gênio é uma pessoa de talento que faz toda a lição de casa.*

Thomas A. Edison

*É impossível para um homem aprender aquilo que ele acha que já sabe*

Epíteto

*O homem aprendeu a escrever os defeitos no bronze e as virtudes na água.*

Beethoven

*O único homem que não erra é aquele que nunca faz nada.*

Roosevelt

# 7

# O ESPAÇO CONFINADO E A CLASSIFICAÇÃO DE ÁREAS

## INTRODUÇÃO

A classificação de áreas, conforme sugerido pelas normas respectivas, deve ser elaborada para as indústrias que manuseiam, processam ou armazenam produtos inflamáveis em quantidades suficientes que justifiquem tal atitude (ou seja, produtos inflamáveis em quantidades que ofereçam riscos de explosão ou incêndio provocados pela operação de equipamentos elétricos e eletrônicos).

Conforme definição constante da norma ABNT NBR 14787 e NR – 33:

> "Espaço confinado: qualquer área não projetada para ocupação contínua, a qual tem meios limitados de entrada e saída e na qual a ventilação existente é insuficiente para remover contaminantes perigosos e/ou deficiência/enriquecimento de oxigênio que possam existir ou se desenvolver".

Podemos então a partir daí, considerar que os espaços confinados podem acontecer:

a) Nas indústrias de processo:

Espaços internos de equipamentos de processo, tais como vasos de pressão, reatores, tanques de armazenamento, fornos, caldeiras, e eventualmente equipamentos de processo situados em instalações subterrâneas;

b) Fora das indústrias de processo:

Ocorre principalmente em sistemas de distribuição de energia elétrica, telefonia, sistemas de drenagem pluvial ou de esgoto, gás etc., em que as caixas de acesso são em sua maioria subterrâneas.

## DEVE-SE CLASSIFICAR A ÁREA DESSES AMBIENTES?

Essa é uma questão a ser amplamente discutida, e provavelmente nunca se chegará a uma resposta que seja a verdade absoluta. Devemos considerar principalmente os pontos a seguir.

Se o ambiente faz parte da indústria de processo, obviamente que os procedimentos de entrada de pessoas são precedidos de uma formalidade denominada *Permissão de Trabalho*, em que os riscos são analisados e são tomadas medidas que eliminam ou minimizam esses riscos a um nível aceitável.

Porém, quando esses ambientes estão situados fora dos limites das indústrias de processo, como, por exemplo, em vias públicas, mesmo havendo o procedimento de emissão de Permissão de Trabalho, o acesso a eles pode ser feito por profissionais das mais diversas disciplinas, os quais nem sempre possuem o conhecimento e o treinamento suficientes que os permitam executar suas funções de forma segura. Acresce-se a isso o fato de que caixas subterrâneas podem ter uma finalidade em que não esteja incluída a substância inflamável como parte de sua instalação, mas pode ocorrer contaminação de produtos inflamáveis oriundos de outras atividades diferentes, como por exemplo, drenagem pluvial contaminada com gasolina, solventes etc.

Se para todas as situações o produto inflamável fosse parte integrante da instalação, então a resposta seria fácil: sim, deve-se classificar a área.

Mas o problema está justamente naquelas situações em que não é esperado haver presença de mistura inflamável. Nesse caso, surge a dúvida se devemos ou não de antemão considerar esses ambientes como área classificada.

Este é o primeiro questionamento.

A segunda questão a ser discutida refere-se à entrada de pessoas nesses locais, portando equipamentos elétricos e eletrônicos.

## PESSOAS PORTANDO EQUIPAMENTOS ELÉTRICOS OU ELETRÔNICOS

Tendo isso em mente, e considerando que a probabilidade de ocorrência de material inflamável nesses locais não é assim tão remota, entendemos que o estabelecimento de um procedimento padrão seja para utilização de equipamentos elétricos e eletrônicos, seja para a entrada de pessoal, seria altamente favorável à obtenção de elevado nível de segurança para os serviços nesses locais.

## COMO SERIA ENTÃO A CLASSIFICAÇÃO DA ÁREA?

Utilizando o princípio de que na dúvida deve-se optar pela solução mais favorável à segurança, propõe-se então, que seja adotada uma classificação de áreas padronizada para esses locais confinados. Essa classificação de áreas seria tomada como base para todas as demais ações que tivessem que ser desenvolvidas.

Conforme a própria definição de espaço confinado, "... a ventilação existente é insuficiente para remover contaminantes perigosos e/ou deficiência/enriquecimento de oxigênio que possam existir ou se desenvolver"... Nesse caso, do ponto de vista de classificação de áreas o ambiente seria considerado como Zona 1. Porém não basta informar que se trata de uma Zona 1. É necessário que seja especificado o grupo de gás respectivo. A norma brasileira e internacional prevê três grupos de gases: IIA, IIB e IIC, em função do tipo de substância inflamável que pode estar presente nesses ambientes. No Grupo IIC temos: hidrogênio e acetileno; no Grupo IIB temos: ciclopropano, éter etílico, eteno, sulfeto de hidrogênio etc. No Grupo IIA temos: acetona, álcool, amônia, benzeno, butano, propano, gasolina, hexano, metano, gás natural, nafta etc.

Como estamos buscando uma padronização da classificação de áreas, se considerarmos como Grupos IIA e IIB, estaríamos atingindo a maioria esmagadora das aplicações e por isso nossa sugestão é de que as áreas sejam classificadas como Zona 1, Grupos IIA e IIB.

*Nota:* Essa classificação de áreas seria válida apenas no interior do volume do espaço considerado, isto quer dizer que a área externa à entrada não seria considerada como área classificada, exceto se esse ambiente estiver contido numa classificação de áreas já existente externamente proveniente de outras fontes de risco.

## EQUIPAMENTOS ELÉTRICOS E ELETRÔNICOS

Por consequência, os equipamentos elétricos e eletrônicos para utilização nesses ambientes, teriam que ser obrigatoriamente adequados para Zona 1, cujas opções seriam:

- Ex d (à prova de explosão);
- Ex ib (segurança intrínseca categoria ib);
- Ex e (segurança aumentada);
- Ex p (pressurizado).

## RESUMINDO

Considerando o acima exposto, a nossa proposta é de que seja adotado um padrão por todos os responsáveis por trabalho em espaço confinado, englobando os seguintes itens:

- Considerar a área interna ao ambiente confinado como ZONA 1, GRUPOS IIA e IIB, Classe de Temperatura T3;
- Utilizar somente equipamentos elétricos e eletrônicos adequados a essa área classificada com tipo de proteção conforme acima mencionado.

## OBSERVAÇÕES

Deve ser tomado cuidado especial quando da utilização de luminárias portáteis, pelo fato de serem mais sujeitas a dano, mau uso e queda. Por isso sugerimos que sejam adotadas luminárias portáteis de segurança aumentada, com invólucro não metálico, as quais possuem alta eficiência luminosa, suportam impactos, e possuem elevada vida útil.

No caso de utilização de ventiladores para exaustão (ventilação) desses locais, se os ventiladores estiverem externamente à área classificada, sugerimos que os mesmos sejam do tipo totalmente fechado, com ventilação externa, grau de proteção mínimo IP 55 e que sejam capazes de promover no mínimo 30 trocas de ar por hora no ambiente ventilado. E se forem operar internamente ao espaço confinado, os mesmo devem ter proteção Ex (d, e ou p).

Se forem utilizados transceptores, estes devem ser do tipo Segurança Intrínseca, categoria ib, para Grupos IIA e IIB.

## CONCLUSÃO

Embora a NR – 33 preveja que antes da entrada de pessoas no espaço confinado seja feita uma avaliação da atmosfera, utilizando dispositivos de detecção de gases, e mesmo que o ambiente seja liberado, ainda assim julgamos conveniente que sejam mantidas todas as recomendações como se o ambiente fosse realmente de área classificada.

A experiência tem demonstrado que em muitas situações, mesmo após uma avaliação e consequente liberação para trabalho, ocorreram acidentes catastróficos. A recomendação expressa sobre as luminárias portáteis prende-se principalmente ao fato de que pode haver uma avaliação da atmosfera em alguns pontos e mesmo ocorrendo a ventilação forçada, é possível também a existência de bolsões de espaços internos que não são devidamente ventilados, bem como os equipamentos portáteis podem sofrer quedas e atingirem locais não devidamente avaliados quanto a possibilidade de presença de mistura inflamável.

Por todos esses fatos, este trabalho sugere medidas de segurança do ponto de vista de atmosfera explosiva, que devem ser adotadas além daquelas previstas pela NBR 14787 e NR 33.

# REFERÊNCIAS BIBLIOGRÁFICAS

ABNT IECEx OD 015:2011 (2011). Requisitos adicionais para Oficinas de Serviços do IECEX envolvidas em reparo, revisão e modificação de equipamentos Ex.

ABNT IEC/TR 60079-16 (2009). Equipamentos elétricos para atmosferas explosivas. Parte 16: Ventilação artificial para proteção de casa de analisadores.

ABNT NBR IEC 60079-0 (2016). Versão corrigida 2011. Atmosferas explosivas. Parte 0: Equipamentos – Requisitos gerais.

ABNT NBR IEC 60079-1 (2016). Errata 1:2011. Atmosferas explosivas. Parte 1: Proteção de equipamentos por invólucros à prova de explosão "d".

ABNT NBR IEC 60079-2 (2016). Atmosferas explosivas. Parte 2: Proteção de equipamentos por invólucro pressurizado "p"

ABNT NBR IEC 60079-5 (2016). Atmosferas explosivas. Parte 5: Proteção de equipamentos por imersão em areia "q".

ABNT NBR IEC 60079-6 (2017). Atmosferas explosivas. Parte 6: Proteção de equipamento por imersão em óleo "o".

ABNT NBR IEC 60079-7 (2010). Errata 1:2010. Atmosferas explosivas. Parte 7: Proteção de equipamentos por segurança aumentada "e".

ABNT NBR IEC 60079-10-1 (2009). Atmosferas explosivas. Parte 10-1: Classificação de áreas – Atmosferas explosivas de gás.

ABNT NBR IEC 60079-10-2 (2016). Atmosferas explosivas. Parte 10-2: Classificação de áreas – Atmosferas de poeiras explosivas.

ABNT NBR IEC 60079-11 (2017). Atmosferas explosivas. Parte 11: Proteção de equipamentos por segurança intrínseca "i".

ABNT NBR IEC 60079-13 (2012). Atmosferas explosivas. Parte 13: Proteção de equipamento por ambiente pressurizado "p".

ABNT NBR IEC 60079-14 (2016). Errata 1:2011. Atmosferas explosivas. Parte 14: Projeto, seleção e montagem de instalações elétricas.

ABNT NBR IEC 60079-15 (2012). Atmosferas explosivas. Parte 15: Proteção de equipamento por tipo de proteção "n".

ABNT NBR IEC 60079-17 (2017). Errata 1:2009. Atmosferas explosivas. Parte 17: Inspeção e manutenção de instalações elétricas.

ABNT NBR IEC 60079-18 (2016). Atmosferas explosivas. Parte 18: Proteção de equipamento por encapsulamento "m".

ABNT NBR IEC 60079-19 (2016). Atmosferas explosivas. Parte 19: Reparo, revisão e recuperação de equipamentos.

ABNT NBR IEC 60079-20-1 (2011). Errata 2:2014. Atmosferas explosivas. Parte 20-1: Características de substâncias para classificação de gases e vapores – Métodos de ensaios e dados.

ABNT NBR IEC 60079-25 (2011). Atmosferas explosivas. Parte 25: Sistemas elétricos intrinsecamente seguros.

ABNT NBR IEC 60079-26 (2016). Equipamentos elétricos para atmosferas explosivas de gás. Parte 26: Equipamentos com nível de proteção de equipamento (EPL) Ga.

ABNT NBR IEC 60079-27 (2010). Atmosferas explosivas. Parte 27: Conceito de fieldbus intrinsicamente seguro (FISCO).

ABNT NBR IEC 60079-28 (2016). Atmosferas explosivas. Parte 28: Proteção de equipamentos e de sistemas de transmissão que utilizam radiação óptica.

ABNT NBR IEC 60079-29-1 (2010). Atmosferas explosivas. Parte 29-1: Detectores de gás – Requisitos de desempenho de desempenho de detectores para gases inflamáveis.

ABNT NBR IEC 60079-29-2 (2011). Atmosferas explosivas. Parte 29-2: Detectores de gases – Seleção, instalação, utilização e manutenção de detectores para gases inflamáveis e oxigênio.

ABNT NBR IEC 60079-29-4 (2014). Atmosferas explosivas. Parte 29-4: Detectores de gás – Requisitos de desempenho de detectores de caminho aberto para gases inflamáveis.

ABNT NBR IEC 60079-30-1 (2014). Atmosferas explosivas. Parte 30-1: Traceamento elétrico resistivo – Requisitos gerais e de ensaios.

ABNT NBR IEC 60079-30-2 (2013). Atmosferas explosivas. Parte 30-2: Traceamento elétrico resistivo – Procedimento para aplicação em projeto, instalação e manutenção.

ABNT NBR IEC 60079-35-1 (2013). Atmosferas explosivas. Parte 35-1: Lanternas para capacetes para utilização em minas sujeitas a grisu – Requisitos Gerais – Construção e ensaios em relação ao risco de explosão.

ABNT NBR IEC 60079-35-2 (2013). Atmosferas explosivas. Parte 35-2: Lanternas para capacetes para utilização em minas sujeitas a grisu – Desempenho e outros requisitos relacionados à segurança.

ABNT NBR IEC 60079-31 (2014). Atmosferas explosivas. Parte 31: Proteção de equipamentos contra ignição de poeira por invólucros “t”.

ABNT NBR IEC 60079-33 (2015). Atmosferas explosivas. Parte 33: Proteção de equipamentos por proteção especial "s".

ABNT NBR IEC/TS 60079-40 (2016). Atmosferas explosivas. Parte 40: Requisitos para selagem do processo entre fluidos inflamáveis.

JORDÃO, Dácio de Miranda. **Manual de Instalações Elétricas em Indústrias Químicas, Petroquímicas e de Petróleo.** Rio de Janeiro: Qualitymark, 2002.

MINISTÉRIO DO TRABALHO E EMPREGO. **NR 10** – Segurança em Instalações e Serviços em Eletricidade. 2004. Disponível em <http://portal.mte.gov.br/data/files/8A7C812D308E216601310641F67629F4/nr_10.pdf.> Acesso em: jul.2012.

MINISTÉRIO DO TRABALHO E EMPREGO. **NR 33** – Segurança e saúde no Trabalho em Espaços Confinados. 2006. Disponível em <http://www81.dataprev.gov.br/sislex/paginas/05/mtb/33.htm.> Acesso em: jul.2012.

**GRÁFICA PAYM**
Tel. [11] 4392-3344
paym@graficapaym.com.br